新一代信息技术系列教材

基于新信息技术的 jQuery 开发基础教程

主　编　叶　霖　谢钟扬　马　庆

副主编　朱华西

西安电子科技大学出版社

内 容 简 介

本书内容分为两个部分，共 9 个单元。第一部分详细介绍了 jQuery 的使用方法，系统地介绍了获取 jQuery，使用 jQuery 操作页面中的元素、CSS 样式等，使用 jQuery 实现 Ajax 异步编程的相关内容。第二部分介绍了 jQuery UI 的基本使用方法。

本书以任务驱动为引导，通过大量代码及运行效果展示让读者直观感受代码的作用，即使是 JavaScript 的初学者也能迅速学会使用 jQuery 来构建 Web 应用程序。

本书可作为高等职业院校相关专业的教材，也可作为相关专业人员和技术人员的参考书。

图书在版编目(CIP)数据

基于新信息技术的 jQuery 开发基础教程 / 叶霖，谢钟扬，马庆主编. —西安：西安电子科技大学出版社，2021.1(2025.1 重印)
ISBN 978-7-5606-5986-2

Ⅰ. ①基…　Ⅱ. ①叶…　②谢…　③马…　Ⅲ. ①JAVA 语言—程序设计—教材
Ⅳ. ①TP312.8

中国版本图书馆 CIP 数据核字(2021)第 022121 号

策　　划　杨丕勇
责任编辑　杨丕勇
出版发行　西安电子科技大学出版社(西安市太白南路 2 号)
电　　话　(029)88202421　88201467　　　　邮　编　710071
网　　址　www.xduph.com　　　　　　电子邮箱　xdupfxb001@163.com
经　　销　新华书店
印刷单位　咸阳华盛印务有限责任公司
版　　次　2021 年 1 月第 1 版　　2025 年 1 月第 5 次印刷
开　　本　787 毫米×1092 毫米　1/16　印 张　12.5
字　　数　295 千字
定　　价　33.00 元
ISBN 978 - 7 - 5606 - 5986 - 2
XDUP 6288001-5
如有印装问题可调换

前　言

　　JavaScript 是一种具有函数优先原则的轻量级、解释型和即时编译型高级编程语言。刚出现的时候，JavaScript 的地位并不是很高，但随着互联网的发展和软件技术的不断更新换代，现在 JavaScript 已经成为世界上最重要的编程语言之一，在 Web 开发中有着无可比拟的地位。

　　随着 JavaScript 技术的不断应用和发展，出现了各种 JavaScript 库，它们各有优劣。其中 jQuery 是一个非常优秀的 JavaScript 库，它能减轻 Web 应用程序开发人员的工作负担，如消除跨浏览器开发中的一些问题(如兼容问题)，使代码更加精简，减少开发过程中的代码量并降低代码中的错误发生概率，使代码逻辑更清晰明了，等等。事实证明，jQuery 是成功的，现在在各种大型网站的开发中都可以看到 jQuery 的身影。

　　jQuery 的核心特性可以总结为：具有独特的链式语法和短小清晰的多功能接口；具有高效灵活的 CSS 选择器，并且可对 CSS 选择器进行扩展；拥有便捷的插件扩展机制和丰富的插件。它简单易学，即便是 JavaScript 的初学者，也能在几周甚至更短的时间内掌握 jQuery，并能使用 jQuery 快速构建 Web 应用程序。

　　本书第一部分详细介绍了 jQuery 的使用方法，系统地介绍了获取 jQuery，使用 jQuery 操作页面中的元素、CSS 样式等，还介绍了使用 jQuery 实现 Ajax 异步编程的相关内容。本书包含了大量的案例、代码及其运行效果截图，让读者能以最直观的方式看到 jQuery 优美的语法。当然，如果读者将书上的代码放入自己的程序中，运行效果将更佳。

　　jQuery UI 是建立在 jQuery 库上的一组用户界面交互、特效小部件及主题。本书第二部分介绍了 jQuery UI 的基本使用方法。创建客户端用户界面曾是一项非常繁琐的任务，而如果使用 jQuery UI，这些任务则变得出奇简单，即使是没有丰富 JavaScript 编程经验的普通开发者，也可以使用 jQuery UI 库创建出专业的用户界面。另外，jQuery UI 还能让开发人员通过 JavaScript 来创建动画和渐变效果，本书只对其中的常用小部件进行简单介绍，省略任务设置环节。

　　本书适合于掌握 JavaScript 并且希望用更少代码实现更多功能的 Web 应用程序开发人员使用。

编　者

2020 年 11 月

目　　录

第一部分

DI YI BU FEN

jQuery基础

单元 1

我的第一个 jQuery 程序

学习目标

知识目标

- ➤ 了解什么是 jQuery 及其优势。
- ➤ 了解 jQuery 运行环境。
- ➤ 了解 jQuery 各版本的特点。
- ➤ 掌握 jQuery 运行环境的获取方法。
- ➤ 掌握 jQuery 运行库的引入方法。

技能目标

- ➤ 能够根据业务需求选择合适的 jQuery 运行环境版本。
- ➤ 能够根据要求下载对应版本的 jQuery 运行库。
- ➤ 能够在页面中加载 jQuery 运行库。
- ➤ 能够编写简单的 jQuery 代码测试运行库是否加载成功。

任务 1　搭建并测试 jQuery 开发环境

✹ 任 务 描 述

为了使网站前台页面功能足够强大，并且能够快速开发，我们可以使用 jQuery 开发前台功能。本任务中我们要建立一个简单的页面，引用 jQuery 运行库并测试运行库是否能够加载成功。

✹ 问 题 引 导

1. 什么是 jQuery？
2. 如何使用 jQuery？
3. 为什么要使用 jQuery 进行开发？
4. 如何获取 jQuery？
5. 怎样选择合适的 jQuery 版本？

✹ 相 关 知 识

1.1　jQuery 简介

对于客户端 Web 开发来说，JavaScript 框架已经成为非常有用的必备组件，而 jQuery 是一个优秀的轻量级 JavaScript 库。jQuery 是由 John Resig 于 2006 年 1 月创建的开源项目，堪称动态 Web 应用程序领域的编程利器，它能帮助 Web 开发者利用更少的代码完成更多的工作，从而有效减少错误数量。

jQuery 将 JavaScript 编程量精简为寥寥数行代码，使 JavaScript 变得更直观，更富魅力。jQuery 还能够为一个或同时为多个元素设置样式，使得通过 JavaScript 操纵 CSS 变得分外轻松。

另外，jQuery 创建了与 W3C 标准非常类似的跨浏览器事件 API，并添加了一些原创的、非常有用的扩展，在很大程度上消除了 IE 浏览器和 W3C 标准在事件 API 中的不一致性，即解决了 IE 浏览器和其他浏览器之间的 JavaScript 代码不兼容问题。

1.2 jQuery 的优势

jQuery 强调的理念是写得少，做得多(write less，do more)。它具有独特的选择器、链式 DOM 操作、事件处理机制和封装完善的 Ajax，这些都是其他 JavaScript 库所望尘莫及的。总的来说，jQuery 具有以下优势：

(1) 轻量级。

jQuery 运行库非常轻巧，只需要在页面中引用运行库 .js 文件就能使用，而运行库.js 文件的大小不到 30 KB。

(2) 强大的选择器。

jQuery 允许开发者使用从 CSS1 到 CSS3 几乎所有的选择器，以及 jQuery 独创的高级而复杂的选择器。另外，还可以加入插件使其支持 XPath 选择器，开发者甚至可以编写属于自己的选择器。由于 jQuery 支持选择器这一特性，因此有一定 CSS 经验的开发人员可以很容易地切入到 jQuery 的学习中来。

(3) 出色的 DOM 操作封装。

jQuery 封装了大量常用的 DOM 操作，使开发者在编写 DOM 操作相关程序的时候得心应手。利用 jQuery 能够轻松地完成各种原本非常复杂的操作，让 JavaScript 新手也能写出出色的程序。

(4) 可靠的事件处理机制。

jQuery 的事件处理机制吸收了 JavaScript 专家 Dean Edwards 编写的事件处理函数的精华，使得 jQuery 在处理事件绑定的时候相当可靠。在预留退路(graceful degradation)、循序渐进以及非入侵式(Unobtrusive)编程思想方面，jQuery 也做得非常不错。

(5) 完善的 Ajax。

jQuery 将所有的 Ajax 操作封装到一个函数$.ajax()里，使得开发者处理 Ajax 的时候能够专心处理业务逻辑而无须关心复杂的浏览器兼容性和 XMLHttpRequest 对象的创建与使用问题。

(6) 不污染顶级变量。

jQuery 只建立一个名为 jQuery 的对象，其所有的函数方法都在这个对象之下。其别名$也可以随时交出控制权,绝对不会污染其他的对象。该特性使jQuery可以与其他JavaScript库共存，在项目中放心地引用而不需要考虑后期可能的冲突。

(7) 出色的浏览器兼容性。

作为一个流行的 JavaScript 库，浏览器的兼容性是必须具备的条件之一。jQuery 能够在 IE6.0+、FF 2+、Safari 2.0+和 Opera 9.0+下正常运行。同时，jQuery 修复了一些浏览器之间的差异，使开发者不必在开展项目前建立浏览器兼容库。

(8) 链式操作方式。

jQuery 中最有特色的莫过于它的链式操作方式，即对发生在同一个 jQuery 对象上的一组动作，可以直接连写而无须重复获取对象。这一特点使 jQuery 的代码无比优雅与简洁。

比如下面的代码，JavaScript 的功能为找到所有 CSS 类名(class='highlight')为 highlight

的 tr 元素，将类名修改为 normal，代码行为为去掉表格行的高亮背景：

```
let tr = document.getElementsByTagName('tr');
let len = tr.length;
for(let i=0;i<len;i++){
    if(tr[i].class === 'highlight'){
        tr[i].class = 'normal';
    }
}
```

代码数量虽然不是很多，但实现了所需要的功能。如果采用 **jQuery** 来实现，则可以更加简捷，只需一行代码：

```
$('tr.highlight').removeClass('highlight').addClass('normal');
```

上面的代码采用链式操作方式完成了三个动作，执行的顺序是从左往右，依次完成操作：

➢ 找到 class='highlight'的所有 tr 元素；

➢ 移除所有找到的元素的 class 中的 highlight 值(一个元素可能有多个 class 值)；

➢ 为所有找到的元素添加新的 class 值 normal。

(9) 隐式迭代。

上面的代码中，当用 jQuery 找到所有 class='highlight'的 tr 元素后，无须循环遍历每一个返回的元素。相反，jQuery 里的方法都被设计成自动操作对象集合，而不是单独的对象，这使得大量的循环结构变得不再必要，从而大幅地减少了代码量。

(10) 行为层与结构层的分离。

开发者可以使用 jQuery 选择器选中元素，然后直接给元素添加事件。这种将行为层与结构层完全分离的思想，可以使 jQuery 开发人员和 HTML 或其他页面开发人员各司其职，摆脱过去开发冲突或个人单干的开发模式。同时，后期维护也非常方便，不需要在 HTML 代码中寻找某些函数和重复修改 HTML 代码。

(11) 丰富的插件支持。

jQuery 的易扩展性，吸引了来自全球的开发者来编写 jQuery 的扩展插件。目前已经有超过几百种的官方插件支持，而且还不断有新插件面世。

(12) 完善的文档。

jQuery 的文档非常丰富，现阶段多为英文文档，中文文档相对较少。很多热爱 jQuery 的团队都在努力完善 jQuery 的中文文档，例如 jQuery 的中文 API，图灵教育翻译的《Learning jQuery》等。

(13) 开源。

jQuery 是一个开源的产品，任何人都可以自由地使用并提出改进意见。

1.3　jQuery 运行环境

jQuery 运行依赖于 jQuery 脚本库文件，它是一个完全免费、开源的文件。开发者可以通过下载脚本库文件到本地和引用各开发供应商提供的 CDN(内容分发网络)来添加 jQuery 库。

1. jQuery 版本

目前，jQuery 共有三个版本，在 jQuery 官网(https://jquery.com/)可以查看，分别以 1.X、2.X、3.X 为代号，如目前最新的 jQuery 版本为 3.5.1。各版本之间的对比如表 1-1 所示。

表 1-1　jQuery 各版本之间的对比

版本	说　　明
1.X	兼容 IE6、IE7、IE8，是目前使用最为广泛的版本。官方现在只做 bug 维护，功能不再新增。因此对于一般项目来说，使用 1.X 版本就可以了。最终版本为 1.12.4
2.X	不兼容 IE6、IE7、IE8，很少人使用，官方现在只做 bug 维护，功能不再新增。如果不考虑兼容版本低的浏览器，可以使用 2.X 版本。最终版本为 2.2.4
3.X	不兼容 IE6、IE7、IE8，只支持最新的浏览器。除非特殊要求，一般不会使用 3.X 版本(因为很多老的 jQuery 插件不支持这个版本)。目前该版本是官方主要更新维护的版本。截至 2020 年 11 月，最新版本为 3.5.1

jQuery 从 1.X 版本发展至现在的 3.X 版本，经历的版本数量不少于 60 个，每个版本下载时可以选择 compressed(压缩)和 uncompressed(未压缩)两种类型，如表 1-2 所示。

表 1-2　jQuery 下载类型说明

类型	说　　明
compressed	精简版，去掉了格式，体积小，用于发布
uncompressed	原版，有统一的格式，体积较大，方便阅读，用于测试、学习和开发

2. jQuery 库文件下载

本书选择的 jQuery 运行库版本为 1.X 的最终版本 1.12.4。我们可以到 jQuery 官网(https://jquery.com/)进行下载，或直接输入官网提供的下载地址进行下载。以下为从 jQuery 官网下载 jQuery1.12.4 运行库的详细步骤。

(1) 打开 jQuery 官网(https://jquery.com/)，点击右上方"Download jQuery"按钮进入下载页面，如图 1-1 所示。

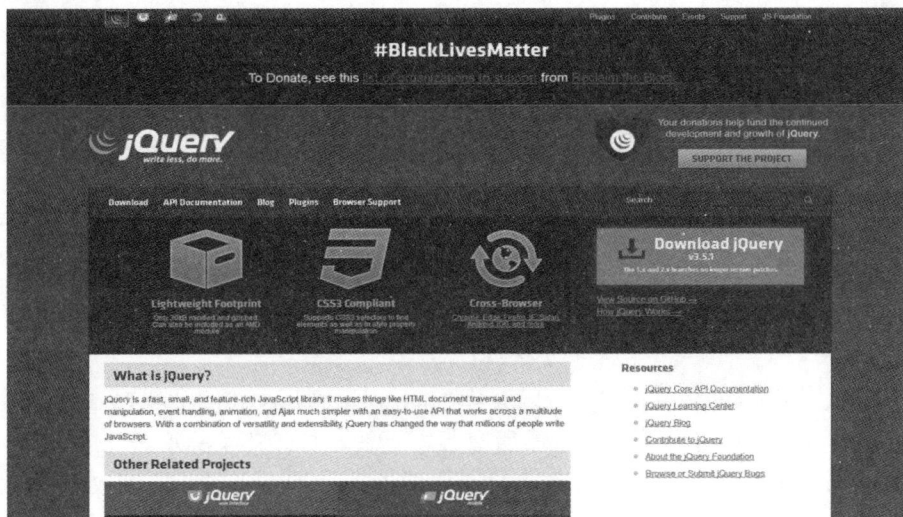

图 1-1　jQuery 库文件下载步骤一

(2) 在下载页面中，首先看到的是 jQuery 最新版本(3.5.1)的下载链接，如图 1-2 所示。

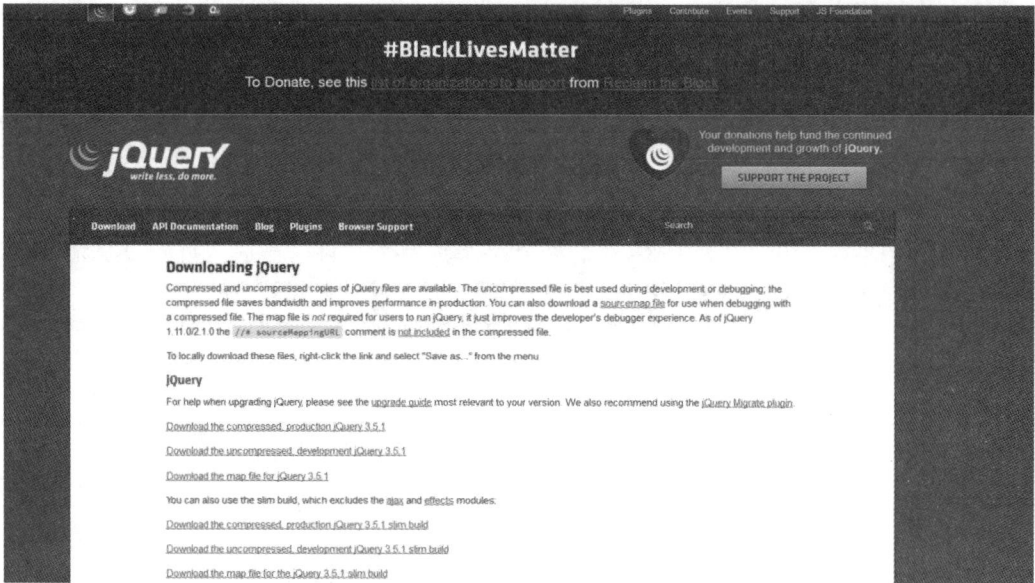

图 1-2　jQuery 库文件下载步骤二

(3) 将页面拖动到最下方，可以看到 Past Releases(过去版本)，点击"jQuery CDN"超链接，进入过去版本 CDN 页面，如图 1-3 所示。

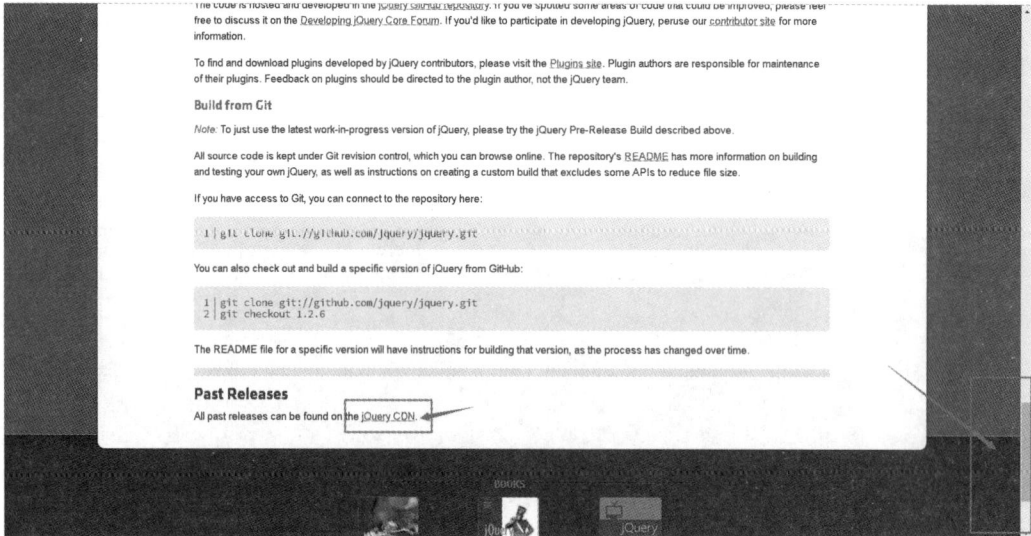

图 1-3　jQuery 库文件下载步骤三

(4) 在过去版本 CDN 页面中，可以看到"See all versions of jQuery Core"(查看 jQuery 内核所有版本)链接，点击后可进入查看所有版本页面，如图 1-4 所示。

(5) 在查看所有版本页面中，找到目标版本"jQuery Core1.12.4"，此处提供了两种下载类型，uncompressed 为未压缩版，minified 为压缩版(即 compressed 精简版)，如图 1-5 所示。

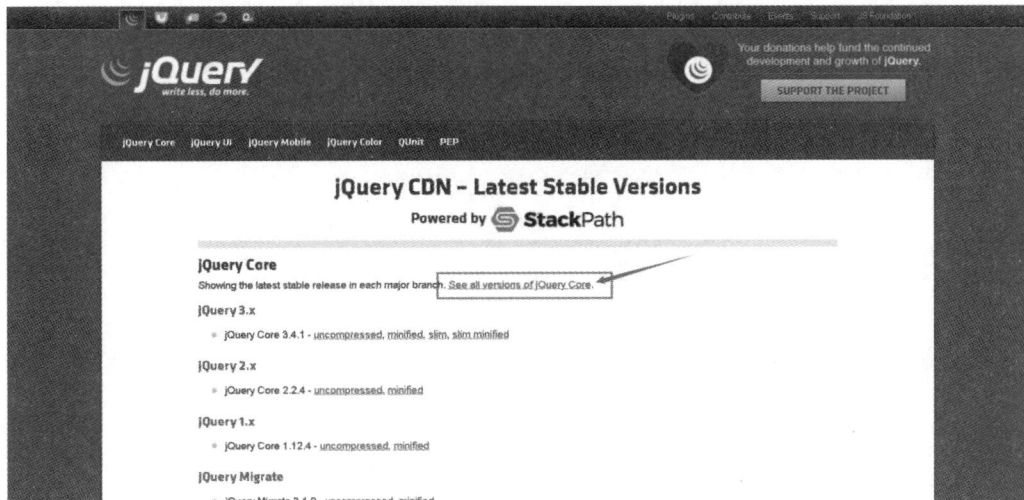

图 1-4　jQuery 库文件下载步骤四

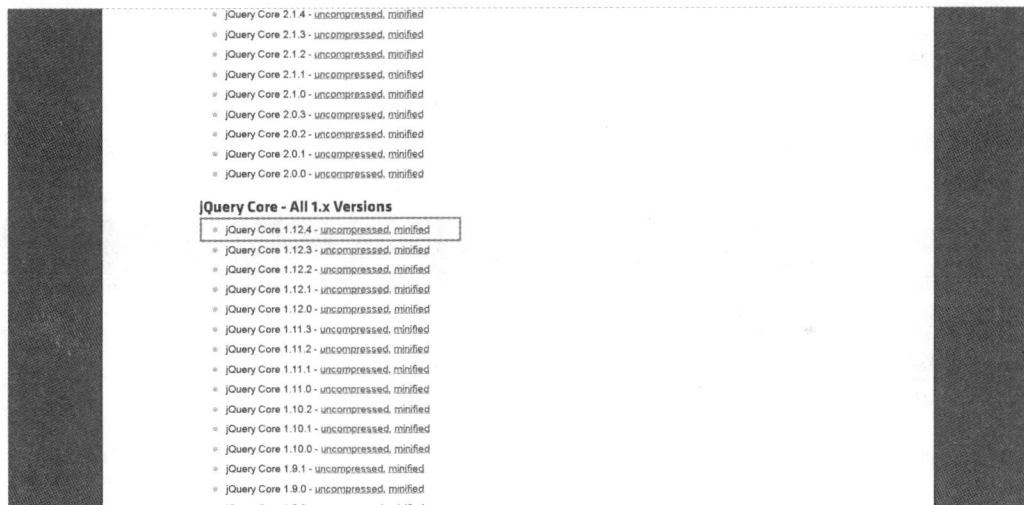

图 1-5　jQuery 库文件下载步骤五

（6）点击"uncompressed"超链接，可以打开官方提供的 CDN，直接点击右侧的"复制"按钮将 CDN 代码复制到 HTML 页面中进行引用。如果想要下载该版本 jQuery 库文件，则选择并复制 src 值的内容，粘贴到浏览器地址栏中打开，如图 1-6 所示。

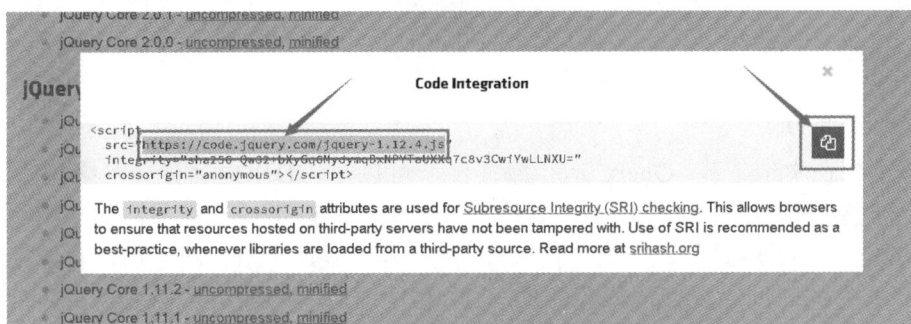

图 1-6　jQuery 库文件下载步骤六

(7) 复制图 1-6 中 src 值的内容，粘贴到浏览器地址栏中，或者在浏览器地址栏中输入 src 值的内容，打开后可以查看 jQuery1.12.4 版本的源代码，如图 1-7 所示。

```
/*!
 * jQuery JavaScript Library v1.12.4
 * http://jquery.com/
 *
 * Includes Sizzle.js
 * http://sizzlejs.com/
 *
 * Copyright jQuery Foundation and other contributors
 * Released under the MIT license
 * http://jquery.org/license
 *
 * Date: 2016-05-20T17:17Z
 */

(function( global, factory ) {

	if ( typeof module === "object" && typeof module.exports === "object" ) {
		// For CommonJS and CommonJS-like environments where a proper `window`
		// is present, execute the factory and get jQuery.
		// For environments that do not have a `window` with a `document`
		// (such as Node.js), expose a factory as module.exports.
		// This accentuates the need for the creation of a real `window`.
		// e.g. var jQuery = require("jquery")(window);
		// See ticket #14549 for more info.
		module.exports = global.document ?
			factory( global, true ) :
			function( w ) {
				if ( !w.document ) {
					throw new Error( "jQuery requires a window with a document" );
				}
				return factory( w );
			};
	} else {
		factory( global );
	}

// Pass this if window is not defined yet
}(typeof window !== "undefined" ? window : this, function( window, noGlobal ) {

// Support: Firefox 18+
// Can't be in strict mode, several libs including ASP.NET trace
// the stack via arguments.caller.callee and Firefox dies if
// you try to trace through "use strict" call chains. (#13335)
//"use strict";
var deletedIds = [];

var document = window.document;

var slice = deletedIds.slice;

var concat = deletedIds.concat;
```

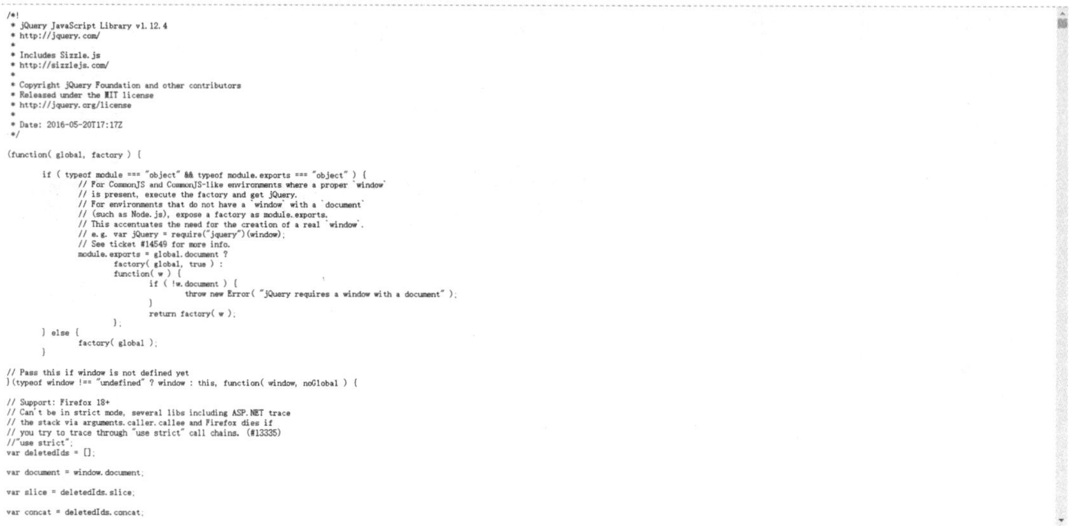

图 1-7　jQuery 库文件下载步骤七

(8) 在本地创建一个.js 文件，命名为“jquery-1.12.4.js”，使用记事本打开文件，并将以上页面中的内容复制到文件中保存即可，如图 1-8 所示。

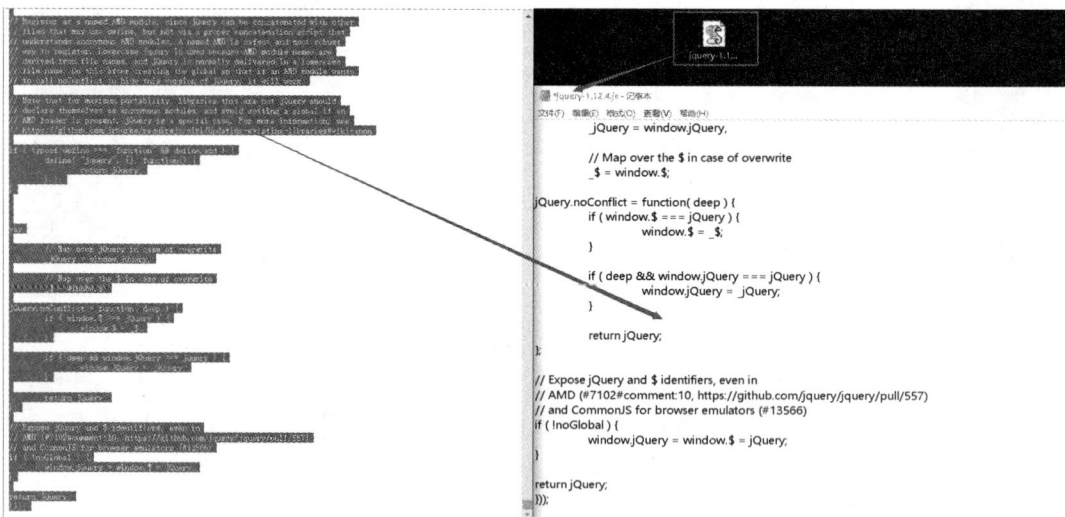

图 1-8　jQuery 库文件下载步骤八

3. jQuery CDN

如果不想在本地下载 jQuery 运行库文件，可以在 CDN(内容分发网络)中引用。通过遍布全球的服务器托管的 jQuery 运行库，CDN 可以提供性能优势。如果网页的访问者已经从同一个 CDN 下载了一份 jQuery 的副本，那么无须重新下载，可以免去下载 jQuery 库文件的时间。以使用最广泛的 1.11.3 压缩版本为例，可以通过以下代码引用 jQuery 库文件：

百度压缩版引用地址：

```
<script src="https://libs.baidu.com/jquery/1.11.3/jquery.min.js"></script>
```

微软压缩版引用地址：

```
<script src="https://ajax.aspnetcdn.com/ajax/jquery/jquery-1.11.3.min.js"></script>
```

官网 jQuery 压缩版引用地址：

```
<script src="https://code.jquery.com/jquery-1.11.3.min.js"></script>
```

4. jQuery 版本选择

jQuery 版本从 1.X 至 3.X，并不是版本越高越好，而应根据实际需求进行选择。

如果搭建的是电脑端 Web 网站，建议使用 jQuery1.9～jQuery1.11 版本，因为这些版本支持 IE8——在当下电脑端兼容 IE8 还是有必要的。同时，这些版本的 API 与更高版本的基本一致，且针对低版本的不足之处进行了修复。目前很多知名网站选用的 jQuery 版本也集中在 jQuery1.9～jQuery1.11，如百度、CSDN、腾讯课堂、慕课网等。

如果搭建的是移动端 Web 网站，则需要选择 jQuery3.X 版本，只有在 jQuery3.X 版本中才加入了移动端的一些功能，低版本对移动端的支持不够优秀。

另外，不推荐的版本有 jQuery1.7 以下的版本及 jQuery2.X 版本。jQuery1.7 以下的版本与之后 jQuery 版本的 API 相差比较大，且性能不高；而 jQuery2.X 版本存在的周期较短，完全能被 jQuery3.X 版本替代。

任务实施

1. 获取运行库

根据相关知识中"jQuery 库文件下载"的描述，下载 jQuery1.12.4 运行库，并将其保存为"jquery-1.12.4.js"，或者在页面中引用百度提供的 jQuery1.11.3 运行库 CDN：

```
<script src="https://libs.baidu.com/jquery/1.11.3/jquery.min.js"></script>
```

2. 创建项目

在开发工具中创建一个新的项目，命名为"jQueryProject"，后面的内容中将其简称为项目。

3. 将 jQuery 运行库引入项目

在项目下创建一个文件夹，命名为"js"，将之前准备好的 jquery-1.12.4.js 文件放入 js 文件夹中，目录结构如图 1-9 所示。

jQueryProject C:\Users\r
js
jquery-1.12.4.js

图 1-9　引用 jQuery 库文件

4. 在页面中引入 jQuery

在项目中创建一个页面，在页面代码的<head>元素中引入 js 文件后，就能使用 jQuery 了，代码如下：

```
<!DOCTYPE html>
<html>
<head>
```

```
    <meta charset="UTF-8">
    <title>我的第一个 jQuery 程序</title>
    <!-- 在 head 内引入 jQuery 运行库 -->
    <script src="js/jquery-1.12.4.js"></script>
</head>
<body>


</body>
</html>
```

▶注意

在本书的所有单元中，如未特别说明，jQuery 运行库都是默认引入的，版本号为 jQuery1.12.4。

5. 编写我的第一个 jQuery 程序

引入 jQuery 运行库后，可在下方编写 jQuery 代码，代码如下：

```
<!DOCTYPE html>
<html>
<head>
    <meta charset="UTF-8">
    <title>我的第一个 jQuery 程序</title>
    <!-- 在 head 内引入 jQuery 运行库 -->
    <script src="js/jquery-1.12.4.js"></script>
    <script>
        if($){
            $(document).ready(
                function(){
                    $('h1').text('jQuery 加载成功！');
                }
            );
        }
    </script>
</head>
<body>
    <h1>jQuery 加载失败！</h1>
</body>
</html>
```

如果 jQuery 运行库文件路径正确，则显示如图 1-10 所示页面。

图 1-10　jQuery 加载成功页面

如果 jQuery 运行库文件路径错误，则显示如图 1-11 所示页面，浏览器会报出以下错误信息："$ is not defined"（$ 没有被定义）。

图 1-11　jQuery 加载失败页面

6. jQuery 代码说明

上面的代码，在页面中放入一个 h1 元素，在页面中显示"jQuery 加载失败！"。可在 JavaScript 代码中使用 if 语句判断 jQuery 元素是否存在。如果 jQuery 元素存在，则证明 jQuery 运行库加载成功，使用 jQuery 获取页面中的 h1 元素，将元素内容修改为"jQuery 加载成功！"；如果 jQuery 元素不存在，则 JavaScript 会报错，不会执行下面的代码，页面上显示"jQuery 加载失败！"。

1）$(document).ready()

在 jQuery 库中，可以通过本身自带的方法获取页面 DOM 元素的对象叫作 jQuery 对象。上面的 jQuery 代码中，"$"（美元符号）是 jQuery 对象的简写形式，$(document) 等价于 jQuery(document)，作用是在页面中找到 document 元素， ready() 方法表示得到的元素加载完成后执行里面的方法。

```
$(document).ready(
    function(){
        …
    }
);
```

上面代码的作用类似于原生 JavaScript 中的方法：

```
window.onload = function(){

    …

};
```

不过它们之间还是有一些区别的，两种方法的对比如表 1-3 所示。

表 1-3　window.onload 与$(document).ready()对比

	window.onload	$(document).ready()
执行时机	必须等待网页中所有的内容(包括图片)加载完毕后才会执行	网页中所有 DOM 结构绘制完毕后就会执行，此时可能 DOM 元素关联的东西并没有加载完成

编写个数	不能同时编写多个。以下代码无法正确执行：
	window.onload = function(){
	　　alert('1');
	};
	window.onload = function(){
	　　alert('2');
	};
	结果只会输出"2"
		可以同时编写多个。以下代码可以正确执行：
		$(document).ready(function(){
		　　alert('1');
		});
		$(document).ready(function(){
		　　alert('2');
		});
		结果两次都会输出

简化写法	无	$(document).ready(function(){
		　　…
		});
		可以简写成：
		$(function(){
		　　…
		});

2) $('h1').text()

$('h1')使用 jQuery 对象自带的方法选择页面中的 h1 元素，参数"h1"是选择器，下一单元中会详细讨论。

text()方法用于设置所获取元素的内容，相当于给 DOM 元素的 value 属性赋值。

单 元 总 结

当使用原生 JavaScript 编写客户端应用程序代码时，某些任务会非常复杂和繁重，jQuery 提供了一套简便的解决方案，可以替代 JavaScript，从而更轻松地完成这些编程任务，有时甚至可以将很多行 JavaScript 代码精简为一两行 jQuery 代码。

本单元首先介绍了什么是 jQuery 及 jQuery 的优势，然后详细介绍了 jQuery 运行库的版本和各版本之间的区别，方便读者选择适合的运行库。本单元还介绍了如何下载运行库、如何加载运行库以及如何开始使用 jQuery。

单元 2

jQuery 选择器

学 习 目 标

知识目标

> 了解什么是 jQuery 选择器。
> 了解相比于原生 JavaScript 查找元素的方法，jQuery 选择器具有的优势。
> 了解 jQuery 选择器有哪些类别。

技能目标

> 掌握常用的 jQuery 选择器的使用方法。
> 能够根据业务需求灵活使用选择器选中元素。

任务 2　根据需求精准获取并设置元素

任 务 描 述

安装好 jQuery 运行环境后，首先要做的是精准找到要操作的元素。本章我们要熟悉 jQuery 选择元素的各种方法，以便在后期的开发中能够精准找到要操作的目标。

问 题 引 导

1. 什么是 jQuery 选择器？
2. jQuery 选择器有哪些优势？
3. 怎样灵活使用 jQuery 选择器？

相 关 知 识

2.1　什么是选择器

提到选择器，首先想到的就是 CSS 中的选择器，用于选择需要添加样式的元素。jQuery 选择器 API 与 CSS 选择器类似，提供了最终 DOM 选择元素的能力。jQuery 选择器 API 允许开发者使用选择器从 DOM 中选择一个或多个元素，此后，既可以直接使用所得到的结果集，也可以接着对选中的结果集进行过滤，以获得一个更符合特定需求的结果集。

在 jQuery 选择器 API 中，CSS 选择器的概念同样适用于 DOM，也就是说，我们使用 jQuery 获取指定元素时，可以使用 CSS 选择器作为 $(selector) 方法的参数来获取对应元素。

比如下面的 HTML 代码中，页面上有 5 个段落：

```html
<!DOCTYPE html>
<html>
<head>
    <meta charset="UTF-8">
    <title>jQuerySelector</title>
    <script src="js/jquery-1.12.4.js"></script>
</head>
```

```
<body>
    <p>段落 1</p>
    <p>段落 2</p>
    <p>段落 3</p>
    <p>段落 4</p>
    <p>段落 5</p>
</body>
</html>
```

如果要选择第三个段落，修改段落中的内容，可以使用 CSS 伪类选择器进行选择，CSS 代码如下：

```
p:nth-child(3){
    background-color: red;
}
```

同样，使用 jQuery 需要选择第三个段落，也可以使用 CSS 伪类选择器，JavaScript 代码如下：

```
$(document).ready(function(){
    //使用伪类选择器 p:nth-child(3)，选择 p 元素父元素的第三个子元素
    $('p:nth-child(3)').text('我改变了第三个段落的内容');
});
```

以上 HTML 代码、CSS 代码、JavaScript 代码综合运行后，页面的效果如图 2-1 所示。

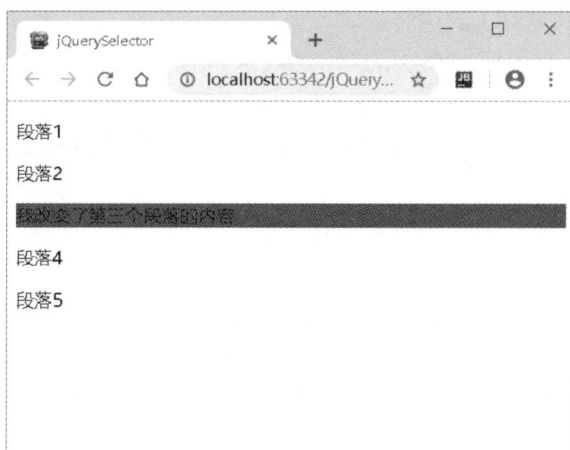

图 2-1　页面运行效果图

2.2　CSS 选择器

了解了 jQuery 选择器和 CSS 选择器之间的联系后，我们先来回顾一下 CSS 选择器。我们在表 2-1 中列出了一些常用的选择器，更多选择器请参考 W3C 官方中文帮助文档：https://www.w3school.com.cn/cssref/css_selectors.ASP。

表 2-1　常用 CSS 选择器

选择器	名称	说　　　明
*	通配符	选择所有元素
.classname	类名选择器	选择 class="classname"的元素
#idname	id 选择器	选择 id="idname"的元素
element	元素选择器	如 p，选择所有 p 元素
element,element	群组选择器	如 p，div，选择所有 p 元素和 div 元素
element element	后代选择器	如 div p，选择 div 里面的所有 p 元素
element>element	子元素选择器	如 div>p，选择是 div 元素子元素的所有 p 元素
:nth-child(n)等	伪类	如 p:nth-child(2)，选择属于其父元素的第二个子元素的每个 p 元素

2.3　jQuery 选择器的优势

jQuery 选择器具有如下优势：

(1) 写法简洁。

$()函数在很多 JavaScript 类库中都被作为一个选择器函数来使用，在 jQuery 中也不例外。其中，$("#ID")用来代替 document.getElementById()函数，即通过 ID 获取元素；$("tagName")用来代替 document.getElementsByTagName()函数，即通过标签名获取 HTML 元素，其他选择器的写法大家可以自行进行对比。

(2) 支持从 CSS1 到 CSS3 的选择器。

jQuery 选择器支持 CSS1、CSS2 的全部和 CSS3 的部分选择器，同时它也有少量独有的选择器，因此对拥有一定 CSS 基础的开发人员来说，学习 jQuery 选择器是件非常容易的事；而对于没有接触过 CSS 技术的开发人员来说，在学习 jQuery 选择器的同时也可以掌握 CSS 选择器的基本规则。

使用 CSS 选择器时，开发人员需要考虑主流浏览器是否支持某些选择器。而在 jQuery 中，开发人员则可以放心地使用 jQuery 选择器而无需考虑浏览器是否支持这些选择器。

(3) 完备的处理机制。

使用 jQuery 选择器不仅比使用传统的 getElementById()和 getElementsByTagName()函数简洁得多，而且还能避免某些错误。比如使用 getElementById()获取某个元素时，如果该元素不存在，则浏览器会报错。

```
document.getElementById('myid').innerText = '123';
```

如上面的 JavaScript 代码，如果页面中没有 id="myid"的元素，则代码会报错，下面的 JavaScript 代码则不会执行，此时应将代码修改为：

```
if(document.getElementById('myid')){
    document.getElementById('myid').innerText = '123';

}
```

但如果页面中需要如此操作的元素很多，每个元素都进行一次判断无疑会给开发人员造成大量的工作负担。而 jQuery 中这方面的问题处理起来就简单多了，jQuery 获取元素时，即使页面中不存在获取的元素也不会报错。如下面的代码，功能和上面的原生 JavaScript 代码效果一样，但简短很多，而且不用担心元素不存在而报错问题。

```
$('#myid').text('123');
```

有了这个预防措施，即使以后因为某种原因删除网页上某个以前使用过的元素，也不用担心这个网页的 JavaScript 代码会报错。

需要注意的是，$(selector)方法获取的永远是对象，即使网页上没有该元素。因此当要用 jQuery 检查某个元素在网页上是否存在时，不能使用以下代码：

```
if($('#myid')){
}
```

而应该根据获取到的元素个数来判断：

```
if($('#myid').length>0){
}
```

或者将获取到的对象转换成 DOM 对象来判断：

```
if($('#myid')[0]){
}
```

jQuery 中的选择器完全继承了 CSS 的风格。利用 jQuery 选择器，可以非常便捷和快速地找出特定的 DOM 元素，然后为它们添加相应的行为，而无须担心浏览器是否支持该选择器。学会使用选择器是学习 jQuery 的基础，jQuery 的行为规则都必须在获取到元素后才能生效。

2.4　jQuery 选择器详细介绍

选择器是 jQuery 的灵魂，灵活地使用选择器是使用 jQuery 最重要也是最基本的能力。jQuery 选择器与 CSS 选择器基本一致，如果读者朋友对 CSS 选择器非常熟悉，可以跳过本节内容。

1. 选择元素

元素选择器是根据元素名来选择元素的。语法如下：

```
$('element')
```

或者

```
jQuery('element')
```

▶注意

在不进行另外设置的情况下，$(美元符号)等价于 jQuery 对象，此后不再另行说明。

如图 2-2 所示，HTML 代码中存在 3 个 div 元素和 4 个 p 元素，使用 jQuery 元素选择器选择其中的 div 元素，并打印出所选元素个数，jQuery 代码如下：

```
<script>
    alert($('div').length);
</script>
```

显示结果如图 2-2 所示。

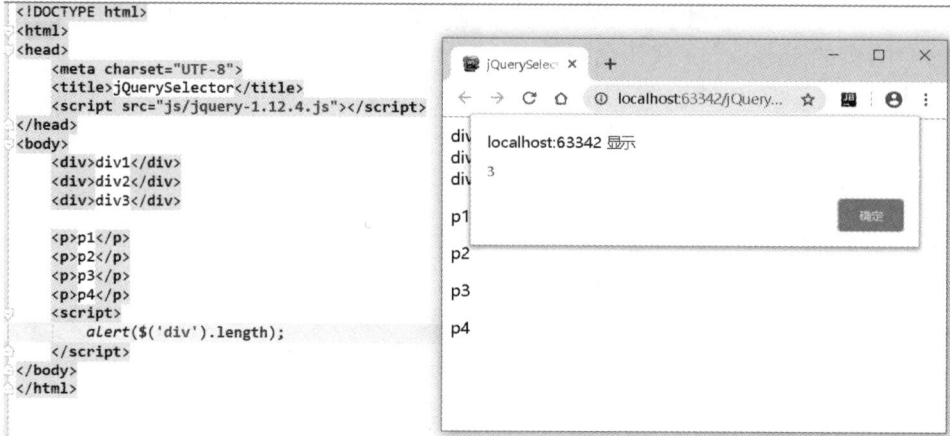

图 2-2　选择 div 结果页面

当然，我们也可以使用通配符(*)选取页面中所有的元素，比如下面的代码，它选择到的元素个数为 11 个。

```
<!DOCTYPE html>
<html lang="zh-CN">
<head>
    <meta charset="UTF-8">
    <title>jQuerySelector</title>
    <script src="js/jquery-1.12.4.js"></script>
</head>
<body>
    <div id="main">
        <ul>
            <li>1</li>
            <li>2</li>
        </ul>
    </div>
</body>
<script>
    var elements = $('*');
    alert(elements.length);
</script>
</html>
```

2. 根据 id 选择

id 选择器是根据 id 来选择元素，使用井号(#)作为前缀。语法如下：

```
$('#id')
```

如图 2-3 所示，HTML 代码中存在 3 个 div 元素和 4 个 p 元素，使用 jQuery id 选择器选择其中的 id 为 div3 的元素，并修改其文本内容，jQuery 代码如下：

```
$('#div3').text('我找到并修改了 id 为 div3 的 div 中的内容');
```

显示结果如图 2-3 所示。

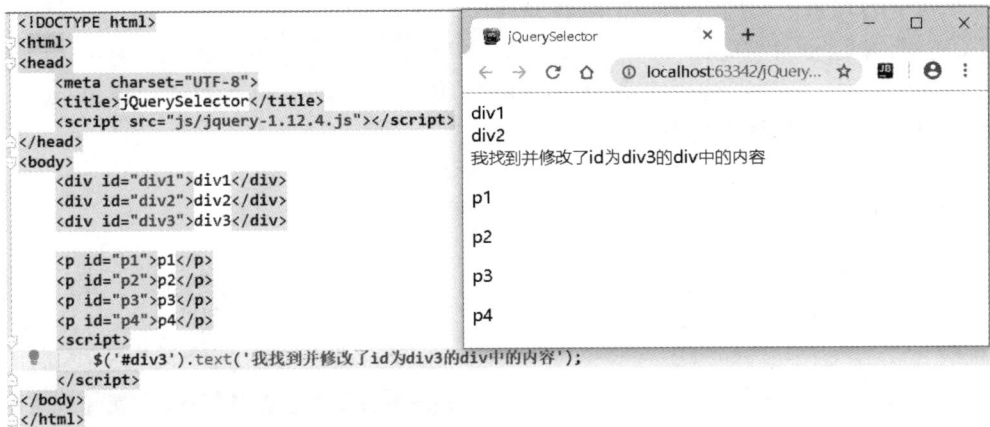

```
<!DOCTYPE html>
<html>
<head>
    <meta charset="UTF-8">
    <title>jQuerySelector</title>
    <script src="js/jquery-1.12.4.js"></script>
</head>
<body>
    <div id="div1">div1</div>
    <div id="div2">div2</div>
    <div id="div3">div3</div>

    <p id="p1">p1</p>
    <p id="p2">p2</p>
    <p id="p3">p3</p>
    <p id="p4">p4</p>
    <script>
        $('#div3').text('我找到并修改了id为div3的div中的内容');
    </script>
</body>
</html>
```

图 2-3 选择 id 修改文本内容结果页面

3. 根据 class 选择

class 选择器是根据 class 来选择元素，使用点号(.)作为前缀。语法如下：

```
$('.id')
```

如图 2-4 所示，HTML 代码中存在 3 个 div 元素和 4 个 p 元素，使用 jQuery class 选择器选择其中的 class 为 p2 的元素，并修改其文本内容，jQuery 代码如下：

```
$('.p2').text('我找到并修改了 class 为 p2 的 p 中的内容');
```

显示结果如图 2-4 所示。

```
<!DOCTYPE html>
<html>
<head>
    <meta charset="UTF-8">
    <title>jQuerySelector</title>
    <script src="js/jquery-1.12.4.js"></script>
</head>
<body>
    <div class="div1">div1</div>
    <div class="div2">div2</div>
    <div class="div3">div3</div>

    <p class="p1">p1</p>
    <p class="p2">p2</p>
    <p class="p3">p3</p>
    <p class="p4">p4</p>
    <script>
        $('.p2').text('我找到并修改了class为p2的p中的内容');
    </script>
</body>
</html>
```

图 2-4 选择 class 修改文本内容结果页面

▶注意

由于某些字符(如"#"、"."等)具有特殊的含义。如果想在选择器表达式中使用特殊字符，则应该使用反斜线(\)对这些特殊字符进行转义。

4. 使用选择器组合精确选择元素

除了前面的三种单独选择器外，我们还可以使用单独选择器进行组合，达到精确选择元素的目的。如选择内部元素的方法是使用空格(space)键连接两个选择器，可以选择第一个选择器选中的元素中的所有第二个选择器选中的元素。语法如下：

```
$('selector1 selector2')
```

如图 2-5 所示，选择器选择的是 id 为"div1"的元素中的所有 p 元素。而 id 为"div2"的元素中的 p 元素则不会被选择。

更多的选择器组合大家可以参考 CSS 中的组合选择器，此处不再赘述。

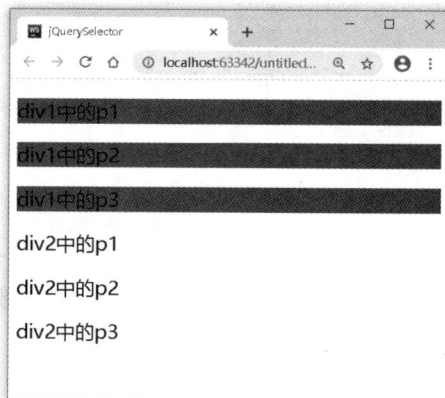

```html
<!DOCTYPE html>
<html lang="zh-CN">
<head>
    <meta charset="UTF-8">
    <title>jQuerySelector</title>
    <script src="js/jquery-1.12.4.js"></script>
</head>
<body>
    <div id="div1">
        <p>div1中的p1</p>
        <p>div1中的p2</p>
        <p>div1中的p3</p>
    </div>
    <div id="div2">
        <p>div2中的p1</p>
        <p>div2中的p2</p>
        <p>div2中的p3</p>
    </div>
</body>
<script>
    $('#div1 p').css('background-color','red');
</script>
</html>
```

图 2-5　使用组合选择器修改文本背景颜色结果页面

5. 根据属性选择元素

jQuery 还可以根据元素的属性，以各种非常灵活的方式来选择元素。常用的属性选择器语法如下。

与某个字符串精确匹配：

```
$('[attributeName="string"]')
```

匹配属性以字符串开头：

```
$('[attributeName^="string"]')
```

匹配属性以字符串结尾：

```
$('[attributeName$="string"]')
```

匹配属性任意位置包含字符串：

```
$('[attributeName*="string"]')
```

当然，属性选择器还可以跟其他选择器搭配使用，效果会更好。如下面的代码，将会选择所有 div 元素中，id 以"user"开头的元素，最终输出结果为 3：

```
<!DOCTYPE html>
<html lang="zh-CN">
<head>
    <meta charset="UTF-8">
    <title>jQuerySelector</title>
    <script src="js/jquery-1.12.4.js"></script>
</head>
<body>
    <div>
        <div id="user_name">1</div>
        <div id="user_password">2</div>
        <div id="user_realname">3</div>
        <div id="telephone">4</div>
        <div id="address">5</div>
    </div>
</body>
<script>
    alert($('div[id^="user"]').length);
</script>
</html>
```

表 2-2 总结了不同种类的属性选择器。

表 2-2　属性选择器

选择器	说　　明
elem[attr]	选择具有 attr 属性的元素
elem[attr=val]	选择具有 attr 属性且属性值与 val 值匹配的元素
elem[attr^=val]	选择具有 attr 属性且属性值以 val 值开头的元素
elem[attr|=val]	选择具有 attr 属性且属性值以 val 值开头或相等的元素
elem[attr$=val]	选择具有 attr 属性且属性值以 val 值结尾的元素
elem[attr!=val]	选择具有 attr 属性且属性值不等于 val 值的元素
elem[attr~=val]	选择具有 attr 属性且属性值是一个以空格分隔的列表,其中包含 val 值的元素
elem[attr*=val]	选择具有特定的 attr 属性,且属性值中含有一个指定子串的元素

6. 根据位置选择元素

jQuery 还可以根据元素相对于其他元素的位置来选择元素,或者根据元素在文档中的层次关系来选择元素。比如选择匹配集合中的第一个、最后一个、第 n 个元素,或者选择位置为奇数或偶数的元素等等。具体语法如下。

选择匹配集合的偶数成员:

```
$('element:even')
```

选择匹配集合的奇数成员：

```
$('element:odd')
```

选择匹配集合的第一个元素：

```
$('element:first')
```

选择匹配集合的最后一个元素：

```
$('element:last')
```

选择匹配集合的第 n 个元素：

```
$('element:eq(n)')
```

选择匹配集合中索引值大于 n 的所有元素：

```
$('element:gt(n)')
```

选择匹配集合中索引值小于 n 的所有元素：

```
$('element:lt(n)')
```

如图 2-6 所示，页面中有一个 8×4 的表格，要实现隔行变色效果只需要一行 jQuery 代码即可实现。

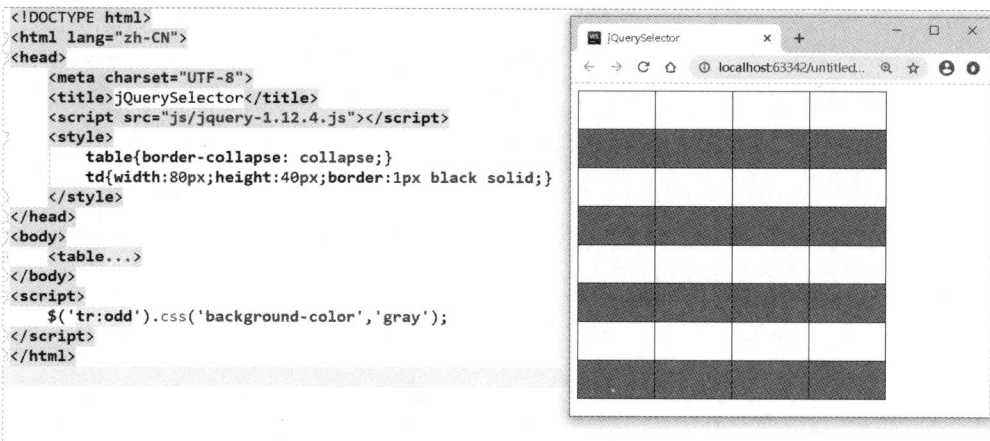

图 2-6　组合选择器修改文本背景颜色结果页面

7. 过滤选择器

请注意，上面的选择器全都以冒号(:)开始，类似于 CSS 中的伪类，这种选择器称为过滤选择器，因为它们的功能是对基本选择器进行过滤。相比于 CSS 中的伪类，jQuery 添加了更多的过滤器，它们的使用方法与前面的例子类似，具体见表 2-3～表 2-7。

表 2-3　基本过滤器

类　型	说　　明
:animated	选择当前正在执行动画的所有元素
:eq(n)	选择索引等于 n 的元素(n 可以是表达式)
:even	选择索引值为偶数的所有元素
:first	选择第一个元素
:gt(n)	选择索引大于 n 的元素(n 可以是表达式)
:header	选择所有的标题元素，比如 h1、h2、h3 等

续表

类　　型	说　　明
:last	选择最后一个元素
:lt(n)	选择索引小于 n 的元素
:not(selector)	选择与 selector 选择到的元素不匹配的元素
:odd	选择索引值为奇数的所有元素

表 2-4　表单元素过滤器

类　　型	说　　明
:button	选择所有 button 元素和类型为 button 的元素
:checkbox	选择所有类型为 checkbox 的元素
:checked	匹配所有已被选中的元素
:disabled	选择所有不可用元素
:enabled	选择所有可用元素
:file	选择所有类型为 file 的元素
:image	选择所有类型为 image 的元素
:input	选择所有 input、textarea、select 和 buttton 元素
:password	选择所有类型为 password 的元素
:radio	选择所有类型为 radio 的元素
:reset	选择所有类型为 reset 的元素
:selected	选择所有已选中元素
:submit	选择所有类型为 submit 的元素
:text	选择所有类型为 text 的元素

表 2-5　可见性过滤器

类　　型	说　　明
:hidden	选择所有隐藏元素
:visible	选择所有可见元素

表 2-6　内容过滤器

类　　型	说　　明
:contains(string)	选择所有包含文本内容(string)的元素
:empty	选择所有不包含子元素或文本的空元素
:has(selector)	选择至少含有一个元素与 selector 选择到的元素相匹配的元素
:parent	选择所有含有子元素或文本节点的元素

表 2-7 子元素过滤器

类　型	说　　明
:first-child	选择每个父元素的第一个子元素
:last-child	选择每个父元素的最后一个子元素
:nth-child(n)	选择每个父元素的第 n 个子元素(n 可以是表达式)
:only-child	选择具有唯一一个子元素的元素

8. 自定义选择器

jQuery 允许开发人员对选择器进行扩展，根据项目需求，可能内置的选择器没有最合适的，此时开发人员就可以自己编写选择器。

要创建自定义选择器，必须扩展 jQuery 对象，下面的代码示例创建了一个用户自定义选择器，选择具有红色背景的元素：

```
<!DOCTYPE html>
<html lang="zh-CN">
<head>
    <meta charset="UTF-8">
    <title>jQuerySelector</title>
    <script src="js/jquery-1.12.4.js"></script>
    <style>
        div{width:50px;height:50px;display:inline-block;}
    </style>
</head>
<body>
<div style="background-color:red;"></div>
<div style="background-color:green;"></div>
<div style="background-color:green;"></div>
<div style="background-color:red;"></div>
<div style="background-color:red;"></div>
</body>
<script>
    $(function () {
        //通过扩展$.expr[':']实现自定义选择器
        $.expr[':'].redbg = function (elem) {
            return $(elem).css('background-color') === 'red';
        };
        var n = $('div:redbg').length;
        alert('当前页面有' + n + '个红色背景的元素');
    });
</script>
</html>
```

单 元 总 结

原生 JavaScript 提供的元素查找功能只有六种：

- document.getElementById("id")
- document. getElementsByName("name")
- document.getElementsByClassName("className")
- document.getElementsByTagName("tagName")
- document.querySelector("selector")
- document.querySelectorAll("selector")

其中 querySelector()和 querySelectorAll()是在 JavaScript 新版本中模仿 jQuery 而新增的，它们使用起来较灵活，而其他几种使用起来局限性都比较大，jQuery 选择器与它们相比有明显的优势。

当使用原生 JavaScript 编写客户端应用程序代码时，某些任务将会非常复杂和繁重，jQuery 提供了一套简便的解决方案，可以替代 JavaScript，从而更轻松地完成这些编程任务，有时甚至可以将很多行 JavaScript 代码精简为一两行 jQuery 代码。

本单元首先介绍了什么是 jQuery 选择器及 jQuery 选择器的优势，然后详细介绍了 jQuery 选择器的种类和使用方法。后期的 jQuery 使用中，选择器是最基本的工具，如果不能灵活地使用这些选择器，将会严重影响开发效率，甚至无法完成某些特定功能。

单元 3

操作 DOM 元素

知识目标

> 了解 DOM 操作的分类。
> 了解 jQuery 提供的 DOM 操作类别。
> 了解 jQuery DOM 操作具有的优势。

技能目标

> 能够正确使用 DOM 操作相关的方法。
> 掌握常用的 DOM 操作。
> 能够根据业务需求准确操作 DOM。

任务 3 制作页面导航栏

任务描述

每个网站都需要有一个顶部导航栏，现在需要制作一个导航栏，为了页面交互需要，要求实现如下效果。

➤ 打开页面时，高亮显示第一个超链接；

| 导航1 | 导航2 | 导航3 | 导航4 | 导航5 | 导航6 | 导航7 | 导航8 |

➤ 当鼠标滑入导航栏，鼠标停留的超链接高亮显示；

| 导航1 | 导航2 | 导航3 | 导航4 | 导航5 | 导航6 | 导航7 | 导航8 |

➤ 当鼠标点击超链接，将改变该超链接为高亮显示，同时取消之前高亮显示的超链接。

| 导航1 | 导航2 | 导航3 | 导航4 | 导航5 | 导航6 | 导航7 | 导航8 |

问题引导

1. DOM 操作主要是哪些内容？
2. 如何进行 DOM 操作？
3. 我们可以对 DOM 进行哪些操作？
4. 操作 DOM 元素有哪些方法？
5. 对比原生 JavaScript 对应的方法，jQuery 的 DOM 操作具有哪些优势？

相关知识

DOM 是文档对象模型(Document Object Model)的英文首字母缩写，是 W3C 组织推荐的处理可扩展标记语言的标准编程接口，是一种与平台和语言无关的应用程序接口(API)，可以轻松地访问页面中所有的标准元素，是一种基于树的 API 文档。

简单来说，在 HTML 中，DOM 是中立于平台和语言的接口，它允许程序和脚本动态地访问和更新文档的内容、结构和样式。

W3C DOM 标准被分为三个不同的部分：

➤ 核心 DOM：针对任何结构化文档的标准模型；
➤ XML DOM：针对 XML 文档的标准模型；

➢ HTML DOM：针对 HTML 文档的标准模型。

3.1　DOM 操作的分类

一般来说，DOM 操作分为三个方面：
➢ DOM Core：核心 DOM 操作；
➢ HTML-DOM：HTML DOM 操作；
➢ CSS-DOM：CSS DOM 操作。

1. DOM Core

DOM Core 并不专属于 JavaScript，任何一种支持 DOM 的程序设计语言都可以使用它。它的用途并非仅限于处理网页，也可以用来处理任何一种使用标记语言编写出来的文档，例如 XML。

JavaScript 中的 getElmentById()、getElementsByTagName()、getAttribute()、setAttribute()等方法，都是 DOM Core 的组成部分。

2. HTML-DOM

在使用 JavaScript 为 HTML 文档编写脚本时，有许多专属于 HTML 的 DOM 属性，这些属性提供了更简单明了的方式来描述各种 HTML 元素的属性。比如 document 对象的 forms 属性、element 对象的 src 属性等。

在实际应用过程中我们可以发现，获取某些对象、属性，既可以使用 DOM Core 来实现，也可以使用 HTML-DOM 来实现。相比较而言，HTML-DOM 的代码通常比较简短。

3. CSS-DOM

CSS-DOM 是针对 CSS 的操作。在 JavaScript 中，CSS-DOM 的主要作用是获取和设置 style 对象的各种属性。通过改变 style 对象的属性，可以改变元素的样式，使网页呈现出各种不同的效果。如 element.style.color 就能设置元素的文本颜色。

3.2　jQuery 中的 DOM 操作

3.2.1　查找节点

查找节点是一个重要的 DOM 操作，可以通过上一单元介绍的选择器来完成。此处不再赘述，有问题的同学可以返回上一单元仔细阅读相关内容。

3.2.2　创建节点

在 DOM 操作中，常常需要动态地创建 HTML 内容，使页面呈现给用户的内容发生变化，达到人机交互的目的。

要在页面中添加一个新的元素，需要两个步骤：创建元素和将创建的元素添加到 DOM 树上。

1. 创建元素

jQuery 创建元素可以使用工厂函数"$()"来完成，语法如下：

```
$('html')
```

此方法通过传入一个完整的 HTML 元素的字符串作为参数，创建一个 DOM 对象，并将这个 DOM 对象包装成一个 jQuery 对象进行返回。

2. 将元素添加到 DOM 树上

与 JavaScript 类似，要将元素添加到 DOM 树上，可以使用父元素的 append()方法将元素添加到父元素子元素列表的末尾。更多的添加节点方法将在 3.2.3 小节中进行介绍。

如图 3-1 所示的代码中，页面上的列表中本来只有两个超链接，我们通过 jQuery 创建了超链接"页面 3"，并添加到列表中。

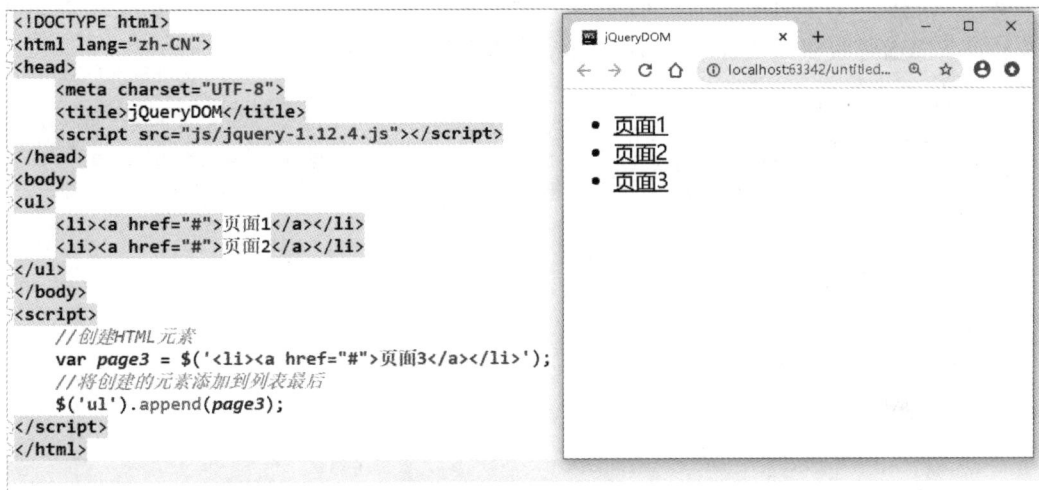

```html
<!DOCTYPE html>
<html lang="zh-CN">
<head>
    <meta charset="UTF-8">
    <title>jQueryDOM</title>
    <script src="js/jquery-1.12.4.js"></script>
</head>
<body>
<ul>
    <li><a href="#">页面1</a></li>
    <li><a href="#">页面2</a></li>
</ul>
</body>
<script>
    //创建HTML元素
    var page3 = $('<li><a href="#">页面3</a></li>');
    //将创建的元素添加到列表最后
    $('ul').append(page3);
</script>
</html>
```

图 3-1 创建元素节点

注意

(1) 使用工厂函数"$()"创建元素时，参数应该是一个完整的 HTML 元素字符串，与 JavaScript 的 createElement()方法有本质的区别，两者不要混淆。

(2) 创建元素时要闭合标签和使用标准的 XHTML 格式。比如创建一个 p 元素，可以写成：$('<p/>')或者$('<p></p>')，但不能只写开始标签或大写元素名：$('<p>')、$('<P/>')。

3.2.3 插入节点

将新建的节点插入到 DOM 树指定位置的方法并非只有一种，在 jQuery 中还提供了其他几种插入节点的方法，我们可以根据实际需求灵活进行选择。方法归纳如表 3-1 表示。

表 3-1   插入节点的方法

方 法	说 明
append()	向每个匹配的元素末尾追加子元素
appendTo()	将所有匹配的元素追加到指定的元素末尾。此方法是 append()方法的反向操作
prepend()	向每个匹配的元素开头添加子元素
prependTo()	将所有匹配的元素添加到指定的元素开头。此方法是 prepend()方法的反向操作
after()	在每个匹配的元素之后插入内容
insertAfter()	将所有匹配的元素插入到指定元素的后面。此方法是 after()方法的反向操作
before()	在每个匹配的元素之前插入内容
insertBefore()	将所有匹配的元素插入到指定的元素前面。此方法是 before()方法的反向操作

这些插入节点的方法不仅能将新创建的 DOM 元素插入到 DOM 树中，也能对原有的 DOM 元素进行移动。比如图 3-2 的 HTML 代码中，梨本来是在喜欢的水果(列表 1)中，通过 jQuery 代码，先找到 like 列表中的第二个子元素("梨")，再将找到的元素添加到 unlike 列表中的末尾，此时页面实际的显示效果是梨在不喜欢的水果(列表 2)中。

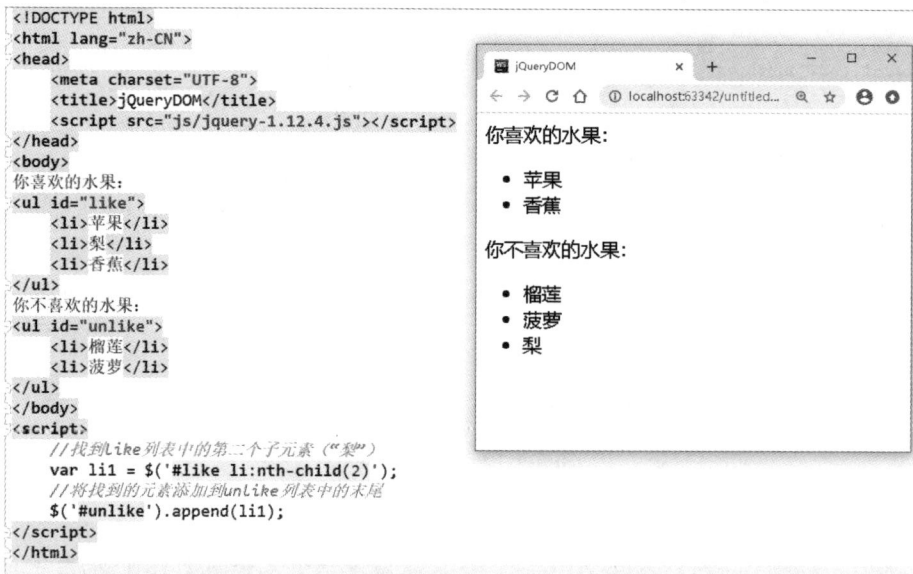

图 3-2   插入节点方法移动 DOM 元素

3.2.4   删除节点

如果需要删除 DOM 树中的元素，可以使用 jQuery 提供的删除节点方法。删除节点方法有两种：remove()和 empty()。

1. remove()方法

此方法的作用是从 DOM 树中删除所有匹配元素，传入的参数用于根据 jQuery 表达式来筛选元素。语法如下：

```
$(selector).remove([selector])
```

　　此方法的返回值是一个指向已被删除的节点的引用，因此在后续的代码中还可以再使用这些元素。图 3-3 的代码重现了图 3-2 代码中的效果，不过做了两步操作：先删除喜欢的水果(列表 1)中的梨，并将操作的 DOM 元素保存在变量中，再将梨添加到不喜欢的水果(列表 2)中。

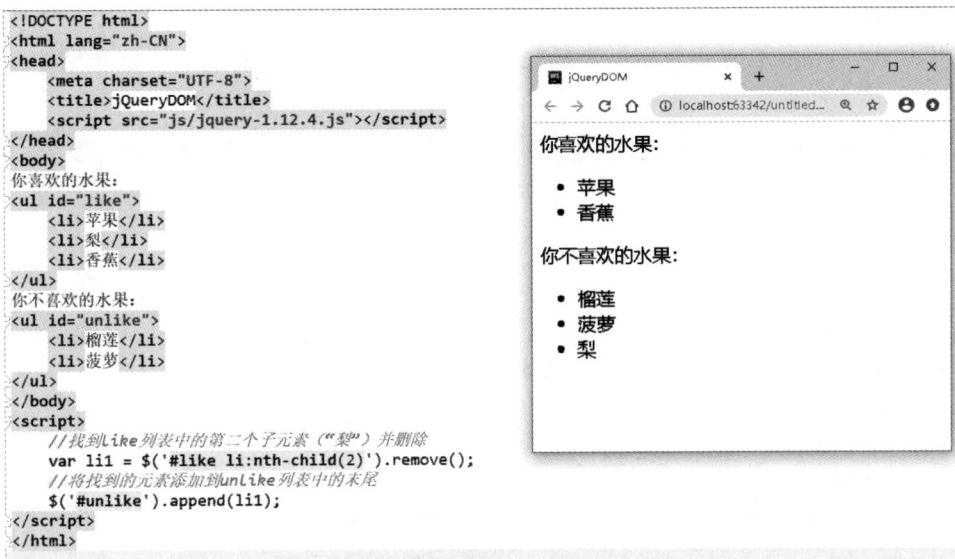

```html
<!DOCTYPE html>
<html lang="zh-CN">
<head>
    <meta charset="UTF-8">
    <title>jQueryDOM</title>
    <script src="js/jquery-1.12.4.js"></script>
</head>
<body>
你喜欢的水果:
<ul id="like">
    <li>苹果</li>
    <li>梨</li>
    <li>香蕉</li>
</ul>
你不喜欢的水果:
<ul id="unlike">
    <li>榴莲</li>
    <li>菠萝</li>
</ul>
</body>
<script>
    //找到like列表中的第二个子元素("梨")并删除
    var li1 = $('#like li:nth-child(2)').remove();
    //将找到的元素添加到unlike列表中的末尾
    $('#unlike').append(li1);
</script>
</html>
```

图 3-3　先删除再添加 DOM 元素

　　另外，remove()方法也可以通过传递参数来选择性的删除元素，为实现上面的功能，我们可以先找到喜欢的水果(列表 1)中的所有 li，再在找到的结果中筛选 class 为 pear 的元素进行删除。代码如图 3-4 所示。

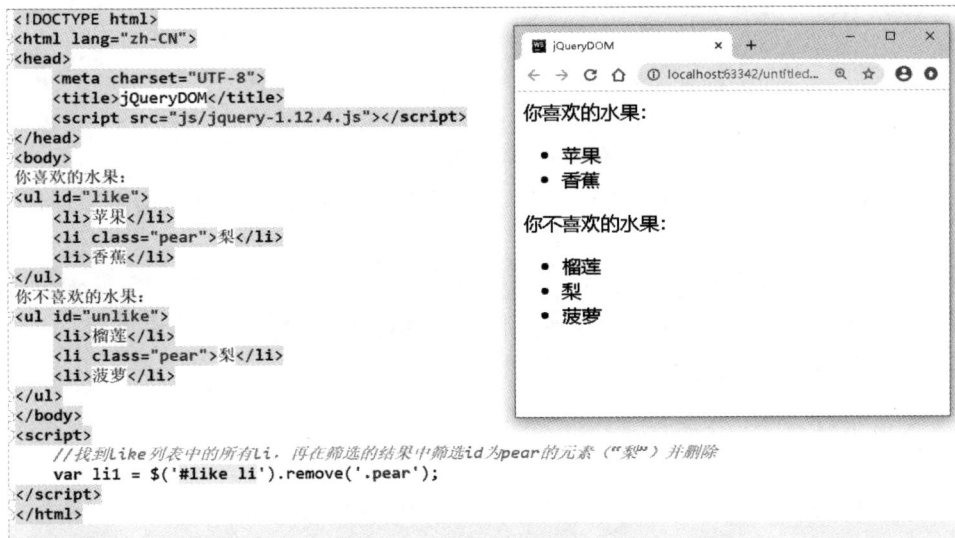

```html
<!DOCTYPE html>
<html lang="zh-CN">
<head>
    <meta charset="UTF-8">
    <title>jQueryDOM</title>
    <script src="js/jquery-1.12.4.js"></script>
</head>
<body>
你喜欢的水果:
<ul id="like">
    <li>苹果</li>
    <li class="pear">梨</li>
    <li>香蕉</li>
</ul>
你不喜欢的水果:
<ul id="unlike">
    <li>榴莲</li>
    <li class="pear">梨</li>
    <li>菠萝</li>
</ul>
</body>
<script>
    //找到like列表中的所有li，再在筛选的结果中筛选id为pear的元素("梨")并删除
    var li1 = $('#like li').remove('.pear');
</script>
</html>
```

图 3-4　删除 DOM 元素

　　可以看到，页面中有两个 class 为 pear 的元素，但是只删除了喜欢的水果(列表 1)中的元素。

▶注意

当在结果集中进行二次删选后，返回的结果仍然是第一次查找的结果集。如上面的代码，li1 保存的是$('#like li')查找到的元素，数量为 3，而不是被删除的元素。

2. empty()方法

严格来讲，empty()方法并不是删除节点，而是清空匹配元素的所有后代节点(内部元素)。语法如下：

```
$(selector).empty()
```

3.2.5　复制节点

在项目中，有时候需要复制节点，可以使用 clone()方法来完成。语法如下：

```
$(selector).clone()
```

如图 3-5 所示的代码，找到并复制梨添加到列表中的第一项。

```html
<!DOCTYPE html>
<html_lang="zh-CN">
<head>
    <meta charset="UTF-8">
    <title>jQueryDOM</title>
    <script src="js/jquery-1.12.4.js"></script>
</head>
<body>
你喜欢的水果:
<ul>
    <li>苹果</li>
    <li class="pear">梨</li>
    <li>香蕉</li>
</ul>
</body>
<script>
    //找到class为pear的元素并复制
    var li1 = $('.pear').clone();
    //将复制的元素添加到列表的开始
    $('ul').prepend(li1);
</script>
</html>
```

图 3-5　复制 DOM 元素

图 3-5 代码中的两行 jQuery 代码，可以灵活地使用插入节点的方法使用一行代码达到目的：

```
$('.pear').clone().prependTo('ul');
```

使用$('.pear').clone()复制找到的元素，再使用 prependTo 添加到 ul 第一项。

后面的章节将不再进行演示，请读者自行编程查看效果。

3.2.6　替换节点

jQuery 提供的替换节点的方法有两个：replaceWith()和 replaceAll()。

1. replaceWith()方法

此方法的作用是将所有匹配到的元素都替换成指定的 HTML 或 DOM 元素。语法如下：

```
$('selector').replaceWith('html')
```

2. replaceAll()方法

此方法是 replaceWith()方法的反向操作，语法如下：

```
$('html').replaceAll(selector)
```

3.2.7　包裹节点

如果需要将某个节点用其他标签包裹起来，可以使用 jQuery 提供的 wrap()方法，此方法对于需要在文档中插入额外的结构化标记非常有用，因为它不会破坏原始文档的语义。

wrap()方法的作用是将所有匹配的元素用标签包裹，语法如下：

```
$('selector').wrap('html')
```

wrap()方法还有其他两个扩展方法：wrapAll()和 wrapInner()。

1. wrapAll()方法

此方法会将所有匹配的元素用一个元素包裹起来，它和 wrap()方法的区别是单独包裹和打包包裹。语法如下：

```
$('selector').wrapAll('html')
```

2. wrapInner()方法

此方法将每一个匹配的元素的子内容(包括文本节点)用其他结构化的标记包裹起来。语法如下：

```
$('selector').wrapInner('html')
```

3.2.8　属性操作

在 jQuery 中，用 attr()方法来获取和设置元素属性，用 removeAttr()方法来删除元素属性。

1. attr()方法

attr()方法用于获取或设置元素的属性，根据参数个数的不同，方法的作用也不同。语法如下：

```
$('selector').attr('attrName',['string'])
```

此方法有两个参数：

➢ 第一个参数：必选，元素的属性名。

➢ 第二个参数：可选，属性对应的值。

如果要获取元素的属性值，则只传入一个参数，参数是要获取的属性名。

如果要设置元素的属性，则需要传入两个参数，第一个参数是要设置的属性名，第二个参数是需要设置的属性的值。

▶注意

attr()方法既能获取元素的属性也能设置元素的属性，jQuery 中有很多与 attr()类似的方法，类似的还有 text()、val()、css()等。

另外，attr()方法还可以同时设置多个样式属性。将需要设置的样式属性作为一个对象传入方法即可。

如图 3-6 所示的代码，使用 attr()方法直接给 table 元素添加 border、rules、width、height 四个属性。

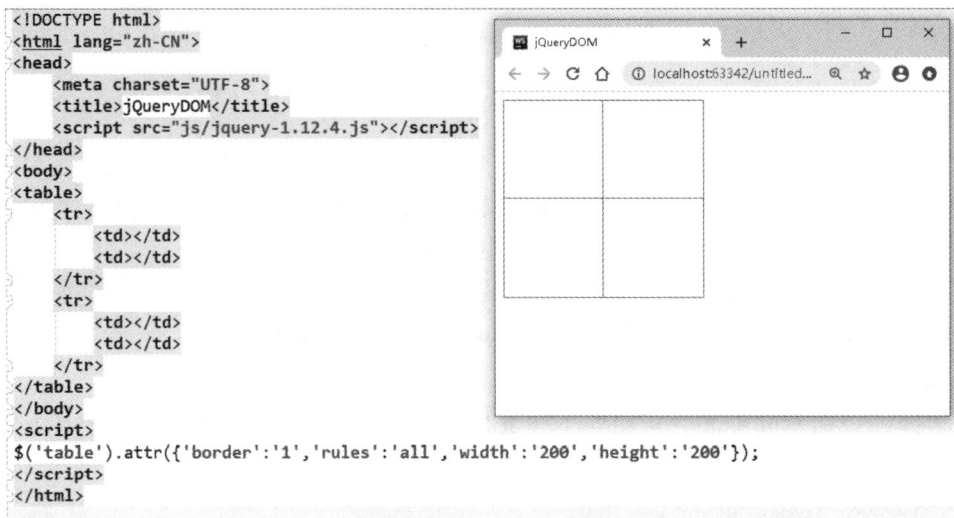

```html
<!DOCTYPE html>
<html lang="zh-CN">
<head>
    <meta charset="UTF-8">
    <title>jQueryDOM</title>
    <script src="js/jquery-1.12.4.js"></script>
</head>
<body>
<table>
    <tr>
        <td></td>
        <td></td>
    </tr>
    <tr>
        <td></td>
        <td></td>
    </tr>
</table>
</body>
<script>
$('table').attr({'border':'1','rules':'all','width':'200','height':'200'});
</script>
</html>
```

图 3-6　使用 attr()方法同时设置多个属性

2. removeAttr()方法

removeAttr()方法用于删除结果集的指定属性。语法如下：

```
$('selector').removeAttr('attrName')
```

3.2.9　样式操作

1. 获取和设置样式

在 HTML 中，决定元素的样式的属性主要有两个：class 和 style。因此，可以使用 attr()方法来获取和设置元素的样式：

```
$('selector').attr('class')              //获取 class 名
$('selector').attr('class', 'className')     //设置新的样式
```

2. 追加样式

上面的方法是将原来的 class 替换成新的 class 来达到改变样式的目的，但是有时候我们需要在原来的基础上追加新的 class，此时可以使用 jQuery 提供的 addClass()方法来追加样式。语法如下：

```
$('selector').addClass('className')
```

在 CSS 中有以下两条规定：

➤ 如果给一个元素添加了多个 class 值，那么就相当于合并了它们的样式。

➤ 如果有不同的 class 设定了同一个样式属性，则后者覆盖前者。

在追加样式时，追加的样式会在原来的样式后面，因此如果属性值重复，则追加的样式会覆盖原来的样式。

3．移除样式

与 addClass()方法相反，要删除 class 属性中的某个值，可以使用 removeClass()方法来完成。此方法的作用是从匹配的元素中删除全部或者指定的 class 值。语法如下：

```
$('selector').removeClass(['className'])
```

此方法含有一个可选参数，当不传入参数时，会将 class 的值全部删除；当传入指定的参数时，则会删除指定的 class 值。

4．切换样式

有时候我们需要某个元素在样式上重复切换，可以使用 jQuery 提供的 toggleClass()方法。此方法主要是控制行为上的重复切换，如果类名存在则删除它；如果类名不存在则添加它。语法如下：

```
$('selector').toggleClass('className')
```

5．判断是否含有某个样式

判断元素是否含有某个样式，可以使用 hasClass()方法。如果有则返回 true，如果没有则返回 false。此方法一般用于判断。语法如下：

```
if($(selector).hasClass('className')){
    //DoSomeThing
}else{
    //DoSomeThing
}
```

3.2.10　设置和获取 HTML、文本和值

1．html()方法

此方法类似于 JavaScript 中的 innerHTML 属性，可以用来获取或者设置元素中的 HTML 内容。语法如下：

```
$('selector').html()          //获取元素中的 HTML 代码
$('selector').html('html')    //设置元素中的 HTML 代码
```

2．text()方法

此方法类似于 JavaScript 中的 innerText 属性，可以用来获取或者设置元素中的文本内容。语法如下：

```
$('selector').text()          //获取元素中的文本
$('selector').text('text')    //设置元素中的文本
```

3．val()方法

此方法类似于 JavaScript 中的 value 属性，可以用来设置和获取元素的值。无论元素是文本框、下拉列表还是单选框，它都可以返回元素的值。如果元素为多选，则返回一个包含所有选择的值的数组。语法如下：

```
$('selector').val()           //获取元素的值
$('selector').val('value')    //设置元素的值
```

3.2.11　遍历节点

1. children()方法

此方法用于取得匹配元素的子元素集合。语法如下：

> $('selector').children()

此方法的返回值是一个 number 值，返回的是子元素的个数，不包含后代元素。比如图 3-7 所示的 DOM 树，使用 children()方法获取子元素时，html、head、body 元素获取到的是 2 个；meta、title、div、li 元素获取到的是 0 个；ul 元素获取到的是 3 个。

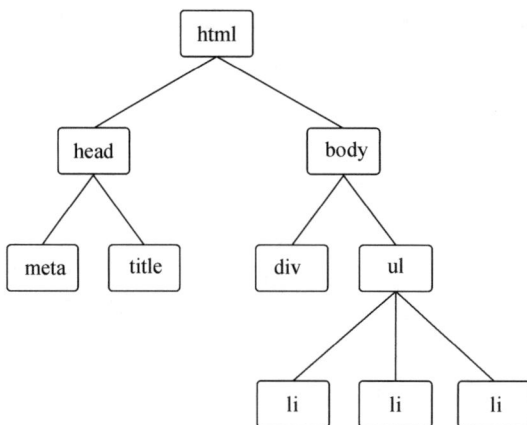

图 3-7　DOM 树结构

2. next()方法

此方法用于取得匹配元素后面紧邻的同辈元素。语法如下：

> $('selector').next()

比如图 3-7 所示的 DOM 树，使用 next()方法获取元素，div 元素获取到的后面紧邻元素是 ul 元素。

3. prev()方法

与前面的方法类似，此方法用于取得匹配元素前面紧邻的同辈元素。语法如下：

> $('selector').prev()

4. siblings()方法

与前面的方法类似，此方法用于取得匹配元素前后所有的同辈元素。语法如下：

> $('selector').siblings()

5. find()方法

如果想快速查找 DOM 树中的某个元素的后代元素，可以用 find()方法，这也是使用频率很高的方法。这里要注意 children 与 find 方法的区别，children 是父子关系查找，find 是后代关系(包含父子关系)查找。语法如下：

> $('selector').find(selector)

与其他的树遍历方法不同,选择器表达式对于 find()方法是必需的。如果我们需要实现对所有后代元素的取回,可以传递通配选择器"*"。

▶注意

find()是遍历当前元素集合中每个元素的后代,但是不包括集合中的元素本身。

6. parent()方法

此方法用于取得匹配元素的父元素。语法如下:

```
$('selector').parent(['selector'])
```

因为 jQuery 是合集对象,所以通过 parent()方法是匹配合集中每一个元素的父元素,这时候可能需要对这个合集对象进行一定的筛选,找出目标元素,所以允许传入一个选择器的表达式。

7. parents()方法

此方法用于取得匹配元素的所有上级元素。类似 find()方法与 children()方法的区别,parents()方法会往上一直查找到根元素(html 元素)。语法如下:

```
$('selector').parents(['selector'])
```

在查找过程中可能需要对这个合集对象进行一定的筛选,找出目标元素,所以允许传入一个选择器的表达式。

▶注意

$('html').parent()方法返回一个包含 document 的集合,而$('html').parents()返回一个空集合。

8. closest()方法

此方法接受一个匹配元素的选择器字符串,从匹配元素本身开始,在 DOM 树上逐级向上级元素匹配,并返回最先匹配的祖先元素。语法如下:

```
$('selector').closest('selector')
```

与 find()方法不同,closest()方法开始于当前元素,找到一个匹配的元素就停止查找,因此 closest()方法返回的是包含零个或一个元素的 jQuery 对象。

3.2.12　CSS-DOM 操作

CSS-DOM 技术简单来说就是读取和设置 style 对象的各种属性。在原生 JavaScript 中,document 对象的 style 属性很有用,但最大不足是无法通过它来提取外部 CSS 设置的样式信息。然而在 jQuery 中,这些就非常简单了。

1. css()方法

jQuery 可以直接利用 css()方法获取和设置元素的样式属性,使用方法与 attr()方法类似。语法如下:

```
$('selector').css('styleName',['value'])
```

当传入一个参数时，此方法的作用是获取匹配元素的指定样式的值；当传入两个参数时，此方法的作用是设置匹配元素的指定样式。

无论 css 属性是外部 CSS 导入(文件内嵌、外部样式)还是直接写在 style 属性中(内联样式)，都可以使用 css()方法进行操作。如以下代码：

```html
<!DOCTYPE html>
<html lang="zh-CN">
<head>
    <meta charset="UTF-8">
    <title>jQueryDOM</title>
    <script src="js/jquery-1.12.4.js"></script>
    <style>
        p{
            font-size: 30px;
        }
    </style>
</head>
<body>
<p style="color:red">示例段落</p>
</body>
<script>
    alert($('p').css('color'));        //打印 rgb(255,0,0)    (即红色)
    alert($('p').css('font-size'));    //打印 30px
</script>
</html>
```

但是使用 css()方法设置样式时，样式会直接拼接到元素的 style 属性(内联样式)中。如上面的代码，将 font-size 属性的值修改为 50px 后：

```html
<script>
    $('p').css('font-size','50px');
</script>
```

元素将变为：

```html
<p style="color: red; font-size: 50px;">示例段落</p>
```

与 attr 方法一样，css()方法也可以通过传入一个对象作为参数同时设置多个样式属性。如下面的代码，可以同时设置 p 元素的 font-size、color、background-color 三个属性：

```javascript
$('p').css({'font-size':'50px','color':'red','background-color':'gray'});
```

如果需要获取某个元素的高度(height)属性，可以通过如下代码实现：

```javascript
$(selector).css('height')
```

在 jQuery 中还有另外一种方法也可以获取或设置元素的高度，即 height()方法。它的作用是取得匹配元素当前计算的高度值(px)。语法如下：

```
$(selector).height([number/'string'])
```

如果要使用 height() 方法获取元素的高度，则无须传入参数；如果要设置元素的高度，则可以传入一个数字作为参数，默认单位为 px。如以下代码：

```
$('p').height()              //获取匹配 p 元素的高度
$('p').height(30)            //设置匹配 p 元素的高度为 30px
$('p').height('30px')        //设置匹配 p 元素的高度为 30px
```

▶️ 注意

height() 与 css('height') 的区别：css('height') 方法获取的高度值与元素的设置有关，可能会得到 "auto"，也可能得到 "30px" 之类的字符串；height() 方法获取的高度值是元素在页面中的实际高度，与样式设置无关，且不带单位。

与 height() 方法相似的还有 width() 方法，它可以获取匹配元素的宽度值(px)。语法如下：

```
$('p').width()               //获取匹配 p 元素的宽度
$('p').width(30)             //设置匹配 p 元素的宽度为 30px
$('p').width('30px')         //设置匹配 p 元素的宽度为 30px
```

此外，在 CSS-DOM 中，还有以下几个经常使用的方法。

2. offset() 方法

它的作用是获取元素在当前视窗的相对偏移，其中返回的对象包含两个属性，即 top 和 left，它只对可见元素有效。例如用它来获取 p 元素的的偏移量，代码如下：

```
var offset = $('p').offset();    //获取 p 元素的 offset
var left = offset.left;          //获取左偏移
var top = offset.top;            //获取上偏移
```

3. position() 方法

它的作用是获取元素相对于最近的一个 position 样式属性设置为 relative 或者 absolute 的祖父节点的相对偏移，与 offset() 方法一样，它返回的对象也包括两个属性，即 top 和 left。代码如下：

```
var position = $('p').position();    //获取 p 元素的 position
var left = position.left;            //获取左偏移
var top = position.top;              //获取上偏移
```

4. scrollTop() 方法和 scrollLeft() 方法

这两个方法的作用分别是获取元素的滚动条距顶端的距离和距左侧的距离。例如使用下面的代码获取 p 元素的滚动条距离：

```
$('p').scrollTop();          //获取 p 元素的滚动条距顶端的距离
$('p').scrollLeft();         //获取 p 元素的滚动条距左侧的距离
```

另外，可以为这两个方法指定一个参数，控制元素的滚动条滚动到指定位置。例如使用如下代码控制元素内的滚动条滚动到距顶端 300 和距左侧 300 的位置：

```
$('textarea').scrollTop(300);    //设置 textarea 元素的滚动条距顶端的距离为 300px
```

```
$('textarea').scrollLeft(300);          //设置 textarea 元素的滚动条距左侧的距离为 300px
```

5. toggleClass()方法

此方法的作用是设置或移除被选元素的一个或多个类进行切换。检查每个元素中指定的类。如果不存在则添加类，如果已设置则删除之。这就是所谓的切换效果。语法如下：

```
$(selector).toggleClass('className'[,switch])
```

此方法有两个参数：

第一个参数：必选。要添加或移除的类(class)名，如果要设置多个类，可以使用空格来分隔类名。

第二个参数：可选，规定是否只添加(true)或只移除(false)类。

任 务 实 施

1. 向页面添加 HTML 元素

导航栏一般使用无序列表(ul)，每一个列表项(li)中放一个超链接(a)。

```html
<div class="nav">
    <ul>
        <li class="onActive"><a href="#">导航 1</a></li>
        <li><a href="#">导航 2</a></li>
        <li><a href="#">导航 3</a></li>
        <li><a href="#">导航 4</a></li>
        <li><a href="#">导航 5</a></li>
        <li><a href="#">导航 6</a></li>
        <li><a href="#">导航 7</a></li>
        <li><a href="#">导航 8</a></li>
    </ul>
</div>
```

2. 使用 CSS 定义 HTML 元素的样式

(1) 清除页面所有元素(*)的内边距和外边距，并改变宽度的计算方法。

(2) 取消无序列表(ul)的列标，并设置高度、背景颜色等。

(3) 设置项(li)的宽度和高度，向左浮动。

(4) 设置超链接(a)，取消下划线，设置文本颜色、文本居中，并改变盒模型为块级元素，宽度、高度撑满项(li)。

(5) 设置高亮显示类，并将该类赋予第一个项(li)。

(6) 设置当鼠标悬停(:hover)在项(li)上时高亮显示。

```css
<style>
    *{
        margin: 0;
```

```
        padding:0;
        box-sizing: border-box;
    }
    .nav{
        width: 800px;
        margin: 10px auto;
    }
    .nav ul {
        list-style: none;
        height: 30px;
    }
    .nav ul li{
        width: 100px;
        height: 30px;
        line-height: 30px;
        text-align: center;
        float: left;
        background-color: #cccccc;
    }
    .nav ul li a{
        display: block;
        width: 100%;
        height: 100%;
        text-decoration: none;
        color: black;
    }
    .nav ul li:hover{
        background-color: #03A9F4;
    }
    .nav ul li.onActive{
        background-color: #03A9F4;
    }
</style>
```

3. 使用 jQuery 定义元素的动作

为所有项添加点击事件：当项被点击时，为被点击的项添加高亮类名，同时取消其他项的高亮类名。

```
<script>
    $(document).ready(function () {
```

```
        $('.nav ul li').click(function () {
            $(this).attr('class','onActive');
            $(this).siblings().removeClass('onActive');
        })
    })
</script>
```

此处使用了 jQuery 的 ready()事件，作用是内部的代码将会在页面加载全部完成后再执行，类似于原生 JavaScript 的 window.onload 事件，下一章将会详细介绍。

▶注意

上面的代码中，this 指向被点击的项(li)，是 JavaScript 对象，$(this)是将 JavaScript 对象包装成 jQuery 对象，这样才能使用 jQuery 的方法。

单 元 总 结

本单元首先简单地介绍了什么是 DOM；然后介绍了 DOM 操作分为 DOM Core 操作、HTML-DOM 操作和 CSS-DOM 操作，以及它们的功能和用法；然后详细地介绍了 jQuery 中的 DOM 操作，例如创建节点、设置属性等；最后以一个网页导航栏作为案例，通过案例的编程和实现过程，加深对 DOM 操作的理解。

单元 4

jQuery 中的事件

学习目标

知识目标

➢ 了解 jQuery 事件的加载方法。

➢ 了解 jQuery 事件的绑定方法。

➢ 了解什么是事件冒泡及解决事件冒泡的方法。

➢ 了解 jQuery 事件的移除方法。

➢ 了解 jQuery 如何模拟用户操作。

技能目标

➢ 能够根据业务需求正确绑定事件。

➢ 能够根据业务需求使用正确的事件。

任务 4　制作页面登录模块

任务描述

页面布局和修饰完后，就要开始为页面中的元素添加事件了。添加事件不仅能增强用户体验，而且能实现页面功能。

在网站的页面首页上方有一个用户信息栏，用户的某些操作需要登录后才能完成，可以点击页面上方的登录按钮完成登录操作。要求如下：

(1) 点击登录按钮时，在当前页面正中心显示登录框；

(2) 登录框中可以填写用户名和密码，点击提交按钮可以提交登录信息；

(3) 点击注册按钮可以进入注册页面；

(4) 点击取消按钮可以关闭登录框。

问题引导

1. 什么是事件？

2. jQuery 如何为元素添加事件？

3. 可以为元素添加哪些事件？

4. 如何动态控制元素触发的事件？

相关知识

现代应用程序基本上都是事件驱动的，Web 应用程序也不例外。所有事件驱动的应用程序都采用相同的工作模式：建立事件处理机制，等待相关事件发生，对事件做出响应。事件是 Web 应用程序的基础，javaScript 和 HTML 之间的交互是通过用户和浏览器操作页面时引发的事件来处理的。当文档或者它的某些元素发生某些变化或操作时，浏览器会自动生成一个事件。例如，当浏览器装载完一个文档后，会生成事件；当用户点击某个按钮时，也会生成事件。虽然利用传统的 JavaScript 事件能完成这些交互，但 jQuery 增加并扩展了基本的事件处理机制。jQuery 不仅提供了更加优雅的事件处理语法，而且极大地增强了事件处理能力。

4.1　jQuery 加载事件

在编写 JavaScript 代码时，我们通常会在页面加载完成时对元素做一些初始化操作，而这些初始化操作需要页面全部加载完毕后才执行，否则可能代码运行时页面上的元素还没有生成。在原生 JavaScript 中，通常使用 window.onload 方法，而在 jQuery 中，使用的是$(document).ready()方法。

4.1.1　$(document).ready()方法

$(document).ready()方法是在文档加载后激活的函数。当 DOM(文档对象模型)已经加载，并且页面(包括图像)已经完全呈现时，会发生 ready 事件。由于该事件在文档就绪后发生，因此把所有其他的 jQuery 事件和函数置于该事件中是非常好的做法。而$(document).ready()方法是 ready 事件发生时执行的代码，此方法仅能用于当前文档，因此无需选择器。语法如下：

```
$(document).ready(function)
$().ready(function)
$(function)
```

此方法必须传入一个函数作为参数，这个函数是文档加载后要运行的函数。

4.1.2　$(document).ready()与 window.onload 的区别

$(document).ready()与 window.onload 有类似的作用，但是也有细微区别，列举如下。

1. 执行时机

window.onload 方法是在网页中所有的元素(包括元素的所有关联文件)完全加载到浏览器后才执行，即 JavaScript 此时才可以访问网页中的任何元素。而通过$(document).ready()方法注册的事件处理程序，在 DOM 完全就绪时就可以被调用。此时，网页的所有元素对 jQuery 而言都是可以访问的，但是，这并不意味着这些元素关联的文件都已经下载完毕。

比如为网页中所有图片添加某些行为，如果使用 window.onload 方法来处理，那么用户必须等到每一幅图片都加载完毕后，才可以进行操作；如果使用$(document).ready()方法来处理，则只要 DOM 就绪就可以进行操作了，不需要等待所有图片下载完毕。很显然，把网页解析为 DOM 树的速度要比把页面中的所有关联文件加载完毕的速度快很多。

2. 执行次数

在 window.onload 方法中，每个页面只能绑定一个函数，如果页面中执行了两次 window.onload 方法，则后绑定的函数会替换之前绑定的函数，因此不能在现有行为后添加新的行为。如图 4-1 所示的代码，执行了两次 window.onload 方法，页面运行后只打印"2"。

```html
<!DOCTYPE html>
<html lang="zh-CN">
<head>
    <meta charset="UTF-8">
    <title>jQuery事件</title>
    <script src="js/jquery-1.12.4.js"></script>
</head>
<body>

</body>
<script>
    window.onload = function () {
        console.log('1');
    }
    window.onload = function () {
        console.log('2');
    }
</script>
</html>
```

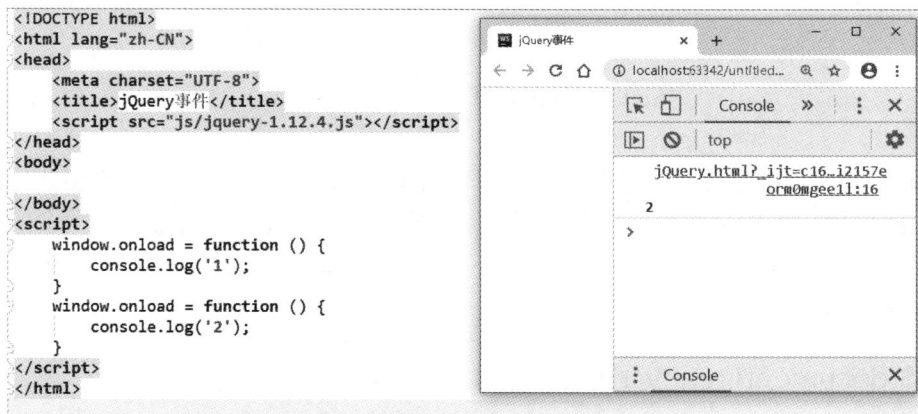

图 4-1   window.onload 方法执行示例

对比 window.onload 方法，$(document).ready()方法会在现有行为上追加新的行为，这些行为会根据注册的顺序依次执行。也就是说，$(document).ready()方法可以执行多次，不会替换前面的内容。如图 4-2 所示的代码，执行了两次$(document).ready()方法，页面运行后打印"1"和"2"。

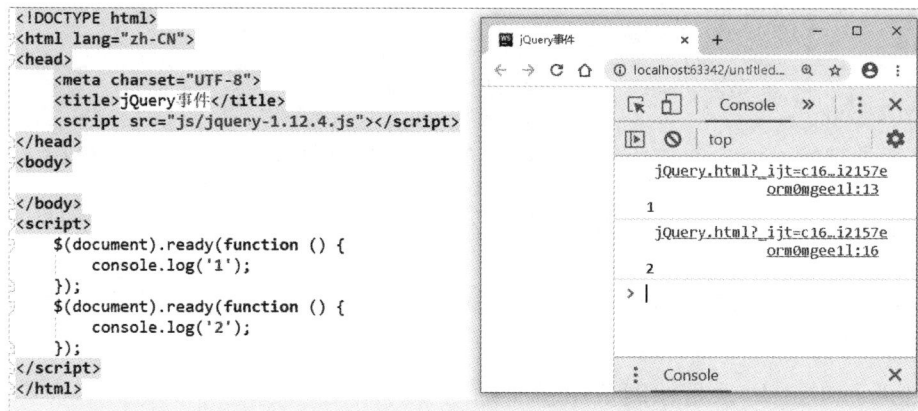

```html
<!DOCTYPE html>
<html lang="zh-CN">
<head>
    <meta charset="UTF-8">
    <title>jQuery事件</title>
    <script src="js/jquery-1.12.4.js"></script>
</head>
<body>

</body>
<script>
    $(document).ready(function () {
        console.log('1');
    });
    $(document).ready(function () {
        console.log('2');
    });
</script>
</html>
```

图 4-2 $(document).ready()方法执行示例

4.2   jQuery 事件绑定

1. bind()方法

在页面加载完成后，如果要为元素绑定事件来完成某些操作，则可以使用 bind()方法来对匹配元素进行特定事件的绑定。语法如下：

```
$(selector).bind(type[,data][,function])
```

此方法最多允许传入三个参数：

➤ 第一个参数：必需参数，表示要绑定的事件类型，如点击事件(click)、双击事件(dblclick)等。

➤ 第二个参数：可选参数，表示作为 event.data 属性值传递给事件对象的额外数据对象。

➤ 第三个参数：必需参数，表示事件需要触发的处理函数。

在 jQuery 中，可绑定的事件名比原生 JavaScript 的事件名少了 "on"。例如鼠标单击事件，在原生 JavaScript 中的名字是 onclick()，而在 jQuery 中对应的是 click()。

表 4-1 列举了常用的 jQuery 事件，在后面的单元中会对这些事件进行详细讲解。

表 4-1　常用的 jQuery 事件

鼠标事件	键盘事件	表单事件	窗口事件
click	keypress	submit	load
dblclick	keydown	change	resize
mouseenter	keyup	focus	scroll
mouseleave		blur	unload
mouseover			
mousemove			
hover			

更多的事件可以去官方帮助文档查询，官方帮助文档地址：

https://www.w3school.com.cn/jquery/jquery_ref_events.asp

下面的代码使用了 bind()方法，为标题(h3)元素绑定了一个点击事件，点击效果是：让内容(div)在显示与隐藏之间切换。

```html
<!DOCTYPE html>
<html lang="zh-CN">
<head>
    <meta charset="UTF-8">
    <title>jQuery 事件</title>
    <script src="js/jquery-1.12.4.js"></script>
    <style>
        *{
            padding: 0;
            margin: 0;
        }
        .content{
            width: 300px;
            margin: 10px;
        }
        .content h3{
            background-color: #cccccc;
            line-height: 50px;
            padding-left: 10px;
            pointer-events: ;
            cursor: pointer;
        }
```

```
            .content div{
                    background-color: lightcyan;
                    padding: 10px 20px;
            }
        </style>
</head>
<body>
    <div class="content">
            <h3>jQuery 简介</h3>
            <div style="display: none;">
                    jQuery 是一个优秀的轻量级 JavaScript 库，它是由 John Resig 于 2006 年 1 月创建
            的开源项目。jQuery 堪称动态 Web 应用程序领域的编程利器，能帮助 Web 开发者利
            用更少的代码完成更多的工作，同时减少错误数量。
                    </div>
            </div>
</body>
<script>
    $('h3').bind('click',function(){
            $(this).next().toggle();
    })
</script>
</html>
```

显示效果如图 4-3 所示。

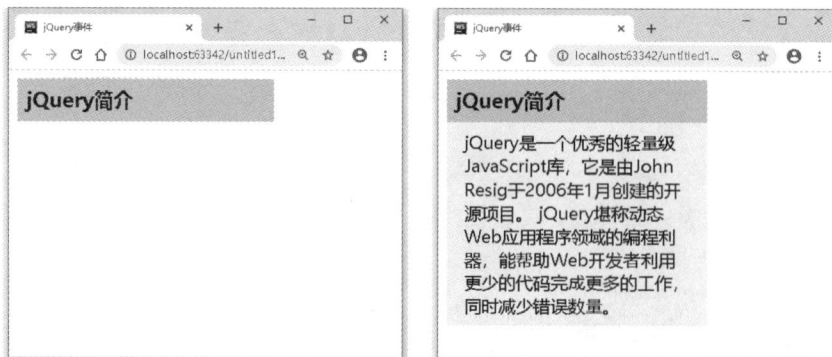

图 4-3　事件绑定效果展示

在上面的代码中，使用 toggle()方法，此方法的作用是让匹配元素在隐藏和显示之间切换。

2. 简写绑定方法

像 click、mouseover、mouseout 等事件在编程过程中会经常使用，jQuery 为此提供了一套简写方法。简写方法和其他的 jQuery 方法写法一样，实现的效果也相同，唯一的区别

就是能够减少代码量。

例如，为某 div 元素绑定 click 事件，使用 bind()方法绑定的写法为：

```
$('div').bind('click',function(){
    //事件处理代码
})
```

使用简写绑定事件的写法为：

```
$('div').click(function(){
    //事件处理代码
})
```

3. 绑定多个事件类型

bind()方法不仅能为元素绑定浏览器支持的具有相同名称的事件，而且可以绑定自定义事件，还能够一次性绑定多个事件类型。

例如，同时为 div 绑定 mouseover 和 mouseout 事件的代码如下：

```
$('div').bind('mouseover mouseout',function () {
    $(this).toggleClass('highLight');
})
```

这段代码等同于下面的代码：

```
$('div').bind('mouseover',function () {
    $(this).addClass('highLight');
}).bind('mouseout',function () {
    $(this).removeClass('highLight');
})
```

这两段代码的作用都一样，当鼠标移入 p 元素时，高亮显示 p 元素；当鼠标移出 p 元素时，恢复 p 元素显示状态。

4. 添加事件命名空间

jQuery 还可以把为元素绑定的多个事件类型用命名空间规范起来，即在所绑定的事件类型后面用点(.)添加命名空间，示例代码如下：

```
$('div').bind('click.test',function () {
    console.log('div 点击成功');
});
$('div').bind('mouseenter.test',function () {
    console.log('鼠标进入成功');
});
$('div').bind('dblclick',function () {
    console.log('双击成功');
});
$('button').click(function () {
    $('div').unbind('.test');
```

```
})
```

上面的代码，首先给 div 绑定了三个事件：click、mouseenter、dblclick，同时为前两个事件添加了命名空间 test，给按钮(button)绑定了一个点击事件，当点击按钮时，删除 div 中命名空间名为 test 的事件。当点击按钮时，会删除 div 的 click 和 mouseenter 事件，而 dblclick 事件则不会被删除。

上面的点击按钮事件也可以用以下链式代码实现：

```
$('button').click(function () {
    $('div').unbind('click').unbind('mouseenter');
})
```

4.3　合　成　事　件

jQuery 有一个合成事件方法：hover()，这是 jQuery 自定义的方法。

此方法用于模拟鼠标悬停事件。语法如下：

```
$(selector).hover(enter,leave)
```

此方法有两个必需参数，两个参数都是事件处理函数。当鼠标移动到元素上时，会触发指定的第一个函数(enter)；当鼠标移除这个元素时，会触发指定的第二个函数(leave)。

比如下面的代码，使用 jQuery 模拟实现 CSS :hover 伪类的效果，当鼠标进入元素时改变背景颜色，鼠标移出时恢复背景颜色：

```
$('div').mouseenter(function(){
    $(this).addClass('highLight');
})
$('div').mouseleave(function(){
    $(this).removeClass('highLight');
})
```

将上面的例子改用 hover()方法实现，代码如下：

```
$('div').hover(function(){
    $(this).addClass('highLight');
},function(){
    $(this).removeClass('highLight');
})
```

4.4　事　件　冒　泡

1. 什么是冒泡

在页面上可以有多个事件，也可以多个元素响应同一个事件。比如图 4-4 中的代码，网页上有两个元素：div 和 p，p 元素是 div 元素的子元素，两者都绑定了 click 事件，同时 body 元素上也绑定了 click 事件，此时点击 p 元素会触发 p 元素的 click 事件，同时也会触发 div 和 body 元素的 click 事件。

如图 4-4 所示，点击一次 p 元素，会依次在控制台打印"3""2""1"。

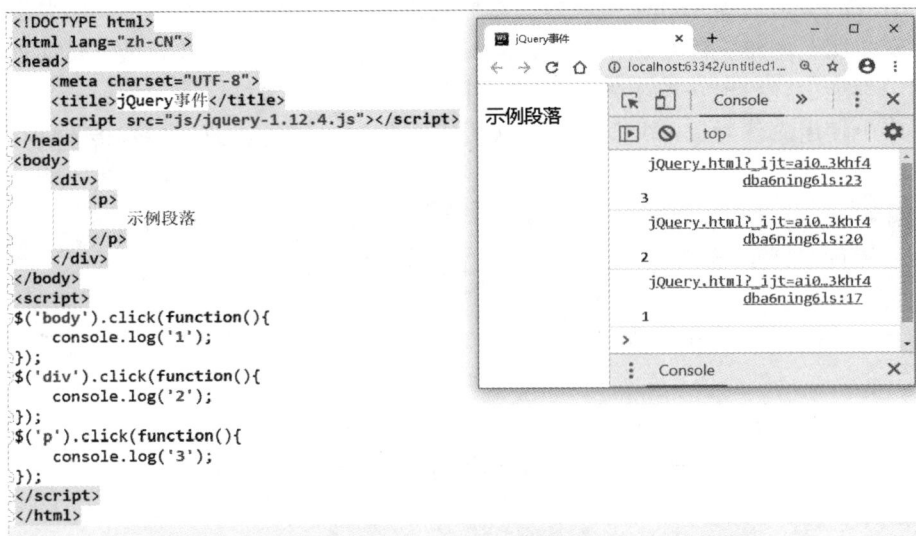

图 4-4　事件冒泡示例

在这个示例中，点击 p 元素时，也点击了包含 p 元素的 div 元素和包含 div 元素的 body 元素，因此三个元素的点击事件都被触发了。而三个元素的点击事件会按照以下顺序依次触发：p 元素→div 元素→body 元素。因为事件会按照 DOM 树的层次结构像水泡一样不断向上直至顶端，所以称为事件冒泡。事件冒泡过程示意图如图 4-5 所示。

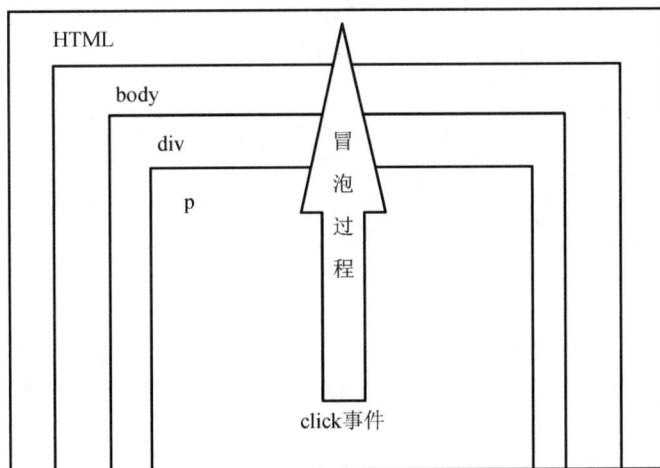

图 4-5　事件冒泡过程示意图

2. 事件对象

事件冒泡可能会引发预料之外的效果，比如上面的例子中，本来只想触发 p 元素的点击(click)事件，但是点击时却连同上级元素的点击事件一起触发了。因此，有必要对事件的作用范围进行限制，以便准确控制点击事件到底由谁来完成。比如当点击 p 元素时，只触发 p 元素的点击事件而不触发 div 和 body 元素的点击事件；当点击 div 元素时，只触发

div 元素的点击事件而不触发 body 元素的点击事件。用 jQuery 提供的事件对象就能很好地处理这个问题。

由于 IE-DOM 和标准 DOM 实现事件对象的方法各不相同，导致在不同浏览器中获取事件对象变得比较困难。针对这个问题，jQuery 进行了必要的扩展和封装，从而使得在任何浏览器中都能很轻松地获取事件对象以及事件对象的一些属性。

在程序中使用事件对象非常简单，只需要将事件对象作为函数的参数传入即可，示例代码如下：

```
$(selector).bind(type,function(event){
    //事件处理代码
})
```

事件对象(event)只有在事件处理函数中才能使用，事件处理函数执行完毕后就会被销毁。

事件对象常用的属性和方法如表 4-2 所示。

表 4-2　事件对象常用的属性和方法

方法/属性	说　明
type	获取事件的类型
pageX pageY	获取鼠标当前坐标，可以确定元素在当前页面的坐标值，以窗口为参考点，不随滑动条移动而变化
target	获取触发事件的元素
which	获取在鼠标单击事件中鼠标的左、中、右键(左键 1，中间键 2，右键 3)，在键盘事件中键盘的键码值
currentTarget	获取冒泡前的当前触发事件的 DOM 对象，等同于 this
preventDefault()	阻止元素默认行为
isDefaultPrevented()	判断 preventDefault()方法是否被调用过
stopPropagation()	阻止事件冒泡
isPropagationStopped()	判断 stopPropagation()方法是否被调用过

◆ 注意

event.target 与 this 是有区别的，JavaScript 中的事件是会冒泡的，所以 this 是可以变化的，但 event.target 不会变化，它永远是直接接受事件的目标 DOM 元素。

如图 4-4 所示的代码，如果我们要实现点击 p 元素时只触发 p 元素的点击事件，而不触发 div 元素和 body 元素的点击事件，可以在 p 元素的点击事件中使用事件对象的阻止事件冒泡方法。图 4-4 中的部分代码修改如下：

```
$('p').click(function(event){
    console.log('3');
    event.stopPropagation();
});
```

4.5 事 件 捕 获

事件捕获和事件冒泡是刚好相反的两个过程，事件捕获是从最顶端往下开始触发。如冒泡事件的例子，其中元素的点击(click)事件会按照以下顺序捕获：body 元素→div 元素→p 元素。事件捕获过程示意图如图 4-6 所示。

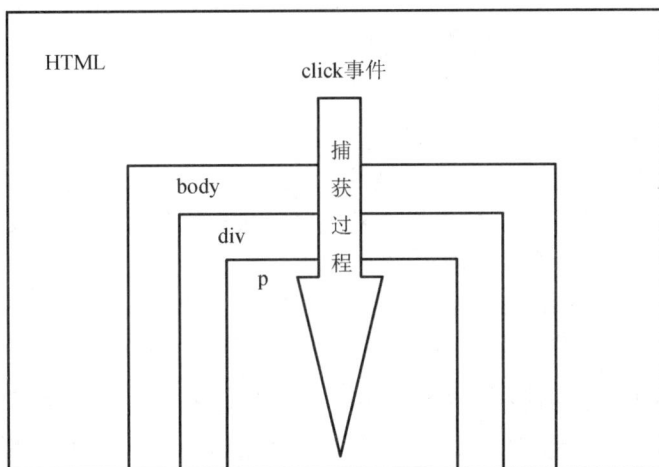

图 4-6 事件捕获过程示意图

遗憾的是，并非所有主流浏览器都支持事件捕获，并且这个缺陷无法通过 JavaScript 来修复，因此，jQuery 不支持事件捕获。如果需要使用事件捕获，可使用原生 JavaScript 来完成。

4.6 移 除 事 件

可以为元素绑定事件，也可以为元素移除已绑定的事件。

1. unbind()方法

unbind()方法的作用是为匹配的元素解除指定事件的处理函数。语法如下：

```
$(selector).unbind([type][,data])
```

此方法有两个参数：

➢ 第一个参数：可选参数，表示要解除绑定的事件类型。

➢ 第二个参数：可选参数，表示要解除绑定的函数名。

此方法接受 0～2 个参数，根据参数个数不同，函数的作用也不同：

(1) 如果没有参数，则删除匹配元素所有绑定的事件。

(2) 如果提供了事件类型作为参数，则只删除匹配元素该类型的绑定事件。

(3) 如果把在绑定时传递的处理函数作为第二个参数，则匹配元素只有这个特定的事件处理函数会被删除。

2. one()方法

对于只需要触发一次，随后就要立即解除绑定的情况，jQuery 提供了一种简写方法 one()。one()方法可以为元素绑定事件处理函数。当处理函数触发一次后，立即被删除。即在每个对象上，事件处理函数只会被执行一次。语法如下：

```
$(selector).one(type[,data],function)
```

one()方法和 bind()方法的作用类似，使用方法也相同，此处不再赘述。

4.7 模 拟 操 作

1. trigger()方法

普通的事件都需要通过用户操作来触发，如用户点击(click)、鼠标移入(moveenter)等。但是，有时候需要通过模拟用户操作来达到某些效果。例如在用户进入页面后就触发某个按钮的点击(click)事件，而不需要用户去主动点击。

在 jQuery 中，可以使用 trigger()方法完成模拟操作。trigger()方法的作用是触发被选元素的指定事件类型以及事件的默认行为，比如提交表单。语法如下：

```
$(selector).trigger(type[,data1][,data2][,…])
```

trigger()方法的第一个参数是必需的，用来规定指定元素上要触发的事件，可以是自定义事件或者其他任何标准事件。从第二个参数开始是需要传递到事件处理函数的参数。

比如图 4-4 中的代码，想要直接触发 p 元素的点击事件，可以使用下面的代码：

```
$('p').trigger('click')
```

上面的代码也可以直接用简写方法 click()来达到同样的效果：

```
$('p').click()
```

2. triggerHandler()方法

trigger()方法触发事件后，会执行浏览器的默认操作。例如，下面的代码不仅会触发 input 元素绑定的 focus 事件(元素获得焦点时触发的事件)，也会使 input 元素本身得到焦点 (浏览器默认操作)。

```
$('input').trigger('focus')
```

如果只想触发绑定的 focus 事件，而不想执行浏览器的默认操作，可以使用 jQuery 中另外一个类似的方法：triggerHandler()方法。

triggerHandler()方法的作用是触发被选元素上指定的事件，而不触发浏览器的默认事件。语法如下：

```
$(selector).triggerHandler(type[,data1][,data2][,…])
```

triggerHandler()方法的参数和 trigger()方法的一样，此处不再赘述。

与其他 jQuery 方法不同的是，triggerHandler()方法的返回值是事件处理函数的返回值，而不是具有可链性的 jQuery 对象。此外，triggerHandler()触发的事件不会在 DOM 树中冒泡，如果没有处理程序被触发，这个方法会返回 undefined。同时，triggerHandler()方法只操作匹配到的第一个元素，而不是所有匹配元素。

比如上面的示例代码，如果使用 triggerHandler()方法，那么文本框只会触发绑定的 focus 事件，而不会得到焦点，代码如下：

```
$('input'). triggerHandler('focus')
```

任务实施

1. 页面设计

根据业务需求，进行如下页面设计：

➤ 在页面顶部放入一个 div 元素，用于放置用户信息相关的 HTML 元素，在此 div 元素中放入一个超链接(a 元素)，用于呼出登录 div。

➤ 在页面中放入另一个 div 元素，此 div 元素充斥整个页面，定位方式为 fixed，目的是呼出登录界面后，充斥整个浏览器窗口。

➤ 在登录 div 层中放入一个 div 元素，该 div 元素在页面居中位置，用于放置登录相关 HTML 元素。

页面设计示意图如图 4-7 和图 4-8 所示。

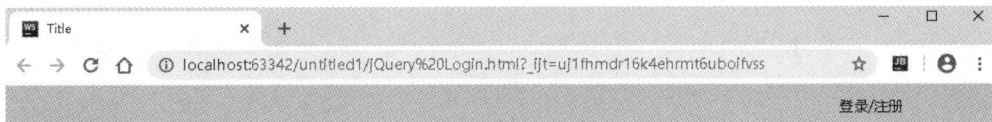

图 4-7　正常页面效果

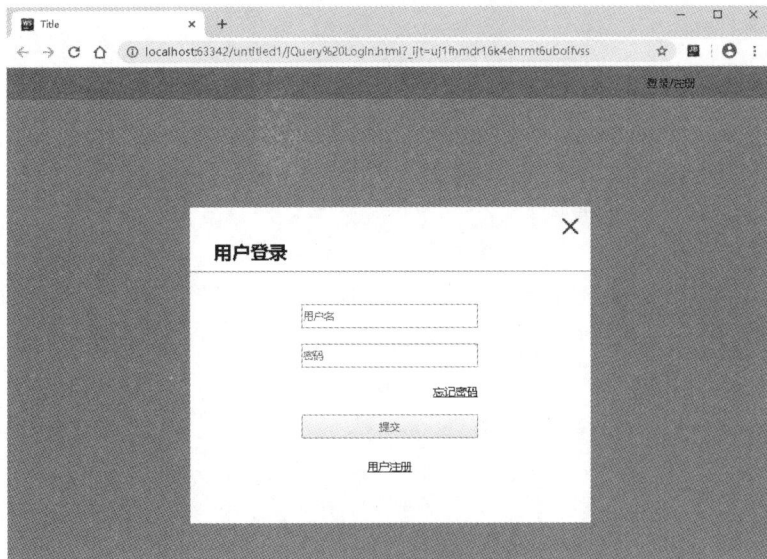

图 4-8　进入登录界面

2. 定义页面结构及 CSS 样式

由于页面结构及 CSS 样式不是本书重点，因此这部分的编码思路及过程省略，读者可以参考下面的代码：

```
<!DOCTYPE html>
<html lang="zh-CN">
<head>
    <meta charset="UTF-8">
    <title>Title</title>
    <script src="js/jquery-1.12.4.js"></script>
    <style>
        * {
            margin: 0;
            padding: 0;
            box-sizing: border-box;
        }
        .page_header {
            min-width: 1000px;
            height: 40px;
            background-color: rgba(0,0,0,0.2);
        }
        .page_header .header_content{
            width: 1000px;
            height: 40px;
            margin: auto;
        }
        .header_content .user_bar {
            width: 200px;
            height: 40px;
            float: right;
        }
        .header_content .user_bar a{
            font-size: 14px;
            line-height: 40px;
            text-decoration: none;
            color: black;
        }
        #login_form{
            position: fixed;
            width: 100%;
```

```css
        height: 100%;
        display: none;
        background-color: rgba(0,0,0,0.4);
}
#login_form #btn_cancel{
        display: block;
        width: 20px;
        height: 20px;
        position: absolute;
        right: 15px;
        top: 15px;
        background: url("imgs/cancelcoin.png") no-repeat center;
        background-size: cover;
}
#login_form .login_content{
        width: 500px;
        height: 400px;
        background-color: white;
        position: absolute;
        left: 50%;
        top:40%;
        transform: translate(-50%,-50%);
}
#login_form .login_content form{
        width: 220px;
        margin: 40px auto;
        text-align: center;
}
#login_form .login_content h3{
        padding-left: 30px;
        margin: 40px 0 10px;
}
#login_form .login_content input{
        width: 220px;
        height: 30px;
        display: block;
        margin: 20px auto;
}
#login_form .login_content a{
```

```
                color: black;
                font-size: 14px;
            }
            #login_form .login_content #btn_getbackpwd{
                display: block;
                text-align: right;
            }
        </style>
</head>
<body>
<div id="login_form">
        <div class="login_content">
            <i id="btn_cancel">
            </i>
            <h3>用户登录</h3>
            <hr>
            <form action="#">
                <input id="username" name="username" type="text" placeholder="用户名">
                <input id="password" name="password" type="password" placeholder="密码">
                <a id="btn_getbackpwd" href="#">忘记密码</a>
                <input type="submit" disabled>
                <a id="btn_register" href="#">用户注册</a>
            </form>
        </div>
</div>
<div class="page_header">
        <div class="header_content">
            <div class="user_bar">
                <a id="btn_login" href="#">登录/注册</a>
            </div>
        </div>
</div>
</body>
</html>
```

3. 为页面元素添加事件

1) 为登录按钮添加事件

页面正常打开的情况下，登录的 div 层应该是不显示的，即"display: none"。当点击登录按钮时，弹出登录 div 层。由于登录按钮是使用超链接，因此在弹出登录 div 层后要取消元素的浏览器默认事件。jQuery 代码如下：

```
$('#btn_login').click(function (event) {
    $("#login_form").show();
    event.preventDefault();
});
```

2）为关闭按钮添加事件

登录 div 层的右上角有一个关闭按钮图标(i 元素改变语义)，点击此图标，隐藏登录 div 层。jQuery 代码如下：

```
$('#btn_cancel').click(function () {
    $("#login_form").hide();
});
```

3）为输入框添加验证

当账户名和密码框中的内容长度小于 4 时，提交按钮的状态为"disabled"，即不能点击，只有输入用户名和密码的长度大于 4 后，才能使按钮转为可用状态。同时，当用户删除账户名和密码框中的内容导致长度小于 4 时，将提交按钮的状态重新设置为"disabled"。jQuery 代码如下：

```
$('#username,#password').bind('input',function () {
    if($('#username').val().length > 4 && $('#password').val().length > 4){
        $('input[type="submit"]').removeAttr('disabled');
    }else{
        $('input[type="submit"]').attr('disabled','disabled');
    }
})
```

4）其他修正

经测试，当输入用户名和密码后，点击左上角的小叉关掉登录窗口，再打开登录窗口发现之前输入的内容还在，需要修正此问题。当点击小叉关掉登录窗口时应该同时清空输入框中的内容，并设置提交按钮为"disabled"。jQuery 代码修改如下：

```
$('#btn_cancel').click(function () {
    $("#login_form").hide();
    $('#username,#password').val("");
    $('input[type="submit"]').attr('disabled','disabled');
});
```

⏩**注意**

此处如果不设置提交按钮，则会保持按钮之前的状态，因为使用 val()方法改变 input 元素的值时不会触发元素的 input 事件。

单 元 总 结

    本单元讲解的是 jQuery 中的事件处理。从页面加载事件开始，依次讲解了事件的绑定、操作、移除、模拟事件等内容，还介绍了 jQuery 的自定义事件 hover()等。

    另外，本单元还讲解了事件的冒泡和捕获。

单元 5

jQuery 中的动画

学习目标

知识目标

➤ 了解 jQuery 动画效果具有什么样的优势。
➤ 了解 jQuery 动画的常用方法。
➤ 了解如何使用 jQuery 自定义动画。
➤ 了解如何判断一个元素是否处于动画状态。

技能目标

➤ 能够使用 jQuery 的简便方法完成简单元素显示隐藏的动画效果。
➤ 能够使用 jQuery 定义复杂的动画效果。

任务 5   制作视频推荐模块

❯❯ 任务描述

　　某视频网站要在首页新增一个视频推荐模块，采用列表方式展示视频，可以点击列表进行翻页，效果如图 5-1 所示。

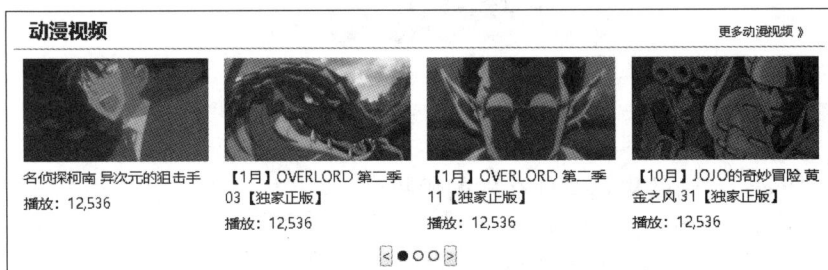

图 5-1   视频推荐模块效果图

　　点击向左或向右按钮可以进行翻页，点击视频或视频的标题可以打开对应视频，点击右上角"更多动漫视频"跳转到视频板块首页。

❯❯ 问题引导

　　1. jQuery 定义动画有什么优势？
　　2. 如何定义 jQuery 动画？
　　3. jQuery 有哪些与动画相关的方法？
　　4. jQuery 动画方法之间有什么区别和联系？

❯❯ 相关知识

　　动画效果也是 jQuery 库吸引人的地方。通过 jQuery 的动画方法，能够轻松地为网页添加非常精彩的视觉效果，给用户一种全新的体验。

　　这里所说的动画，不仅仅指的是在页面上移动元素，还包括切换元素的可视状态，在指定时间内连续地改变元素的属性，或者在对某个事件做出响应时修改元素的属性，以及改变元素的大小。

　　在以前，大部分 Web 动画都是用 Flash 创建的，JavaScript 仅用于一些简单的情形，比如翻转图片、移动元素等。但是随着前端技术的不断更新换代，Flash 逐渐退出了历史的舞台，CSS 和 JavaScript 对动画的支持越来越优秀。而 jQuery 为动画功能提供了许多快捷方法，比如移动、淡化元素、切换元素状态和改变元素大小等，使动画创建更加简单方便。

5.1 hide()方法和 show()方法

jQuery 为元素的显示和隐藏提供了便捷方法：hide()方法和 show()方法。这两个方法是 jQuery 中最基本的动画方法。

1. hide()方法

此方法会将元素的 display 属性(css 属性)的值改为"none"，达到隐藏元素的效果。语法如下：

```
$(selector).hide([speed][,easing][,callback])
```

该函数有三个可选参数：

第一个参数：可选。元素隐藏的速度，可以是一个以毫秒为单位的 number 值，也可以是 slow(慢速)和 fast(快速)。

第二个参数：可选。设置在动画的不同时间点上元素的速度，可以是 swing(默认)或 linear。

第三个参数：可选。回调函数，当 hide()方法执行完后要执行的函数。

2. show()方法

当把元素隐藏后，可以使用 show()方法将元素的 display 样式设置为先前的显示状态(其他除了 none 之外的值，匹配元素的默认框模型)。语法如下：

```
$(selector).show([speed][,easing][,callback])
```

该函数的参数和 hide()方法一样。

3. hide()方法和 show()方法的具体使用

1) 基本使用方法

hide()方法和 show()方法可以有 0~3 个参数，根据参数个数不同，方法的作用也不同。以下面的两个按钮、一个 div 为例：

```
<button id="hbtn">隐藏</button>
<button id="sbtn">显示</button>
<div style="width:200px;height:200px;background-color:red">1</div>
```

如果要在两个按钮上分别绑定对应的隐藏、显示方法，可以直接使用不带参数的 hide()方法和 show()方法，如下面的代码，可以让 div 元素在点击对应的按钮时瞬间被隐藏或显示，但是这样是没有动画效果的：

```
$('#hbtn').click(function () {
    $('div').hide();
});
$('#sbtn').click(function () {
```

```
        $('div').show();
    });
```

上面的代码等价于用 css()方法设置匹配元素的 display 属性，与下面的代码效果一样，不过写法更简单直接：

```
$('#hbtn').click(function () {
        $('div').css('display','none');
    });
$('#sbtn').click(function () {
        $('div').css('display','block');
    });
```

2）添加变化过程

如果要使 div 元素的隐藏或显示带有动画效果，可以为这两个方法添加一个或两个参数：

```
$('#hbtn').click(function () {
        $('div').hide(1000);
    });
$('#sbtn').click(function () {
        $('div').show('linear');
    });
```

当添加一个参数时，可以是一个 number 值，代表元素会在多少毫秒内出现或隐藏，这时候会同时对元素的三个 CSS 属性：宽度(width)、高度(height)、不透明度(opacity)在 0 到设定的值之间变化。上面的代码，当点击隐藏按钮时，元素会在一秒钟内缓慢消失。这个值也可以用英文代替：slow(600 毫秒)、normal(400 毫秒)、fast(200 毫秒)。

当添加一个参数时，可以是 swing(默认，开头和结尾变化慢，中间变化快)或 linear(匀速变化)，这两个值是设置在动画的不同时间点上元素的速度的；如果设置动画的整体速度，那么默认值为 normal。上面显示按钮的代码等价于下面两个参数的代码：

```
$('#sbtn').click(function () {
        $('div').show('normal','linear');
    });
```

3）添加回调函数

可以为 hide()方法和 show()方法添加回调函数，不管是 1、2 还是 3 个参数，都可以让一个函数作为参数添加进去。如下面的代码，当元素隐藏完毕后，会弹出对话框：

```
$('#hbtn').click(function () {
        $('div').hide(1000,function () {
            alert('元素隐藏完毕');
        });
    });
```

页面效果如图 5-2 所示。

图 5-2　带回调函数的 hide()方法效果图

5.2　fadeIn()方法和 fadeOut()方法

这两个方法和 show()、hide()方法的作用类似，作用是让元素通过淡入淡出的方式显示和隐藏。fadeIn()方法对应 show()方法，作用为淡入元素；fadeOut()方法对应 hide()方法，作用为淡出元素。语法为：

```
$(selector).fadeIn([speed][,callback])
$(selector).fadeOut([speed][,callback])
```

这两个方法与 show()、hide()两个方法的区别如下：

(1) 默认带有动画效果；

(2) 只改变元素的 opacity 值，不会改变 width 和 height 值。

参数的使用方法可以参考 show()、hide()方法，此处不再赘述。

5.3　slideUp()方法和 slideDown()方法

slideUp()方法和 slideDown()方法只会改变元素的高度。slideUp()方法对应 hide()方法，让元素高度(height)逐渐缩小直到 0；slideDown()方法对应 show()方法，让元素高度(height)增加到设定的值。语法如下：

```
$(selector).slideUp([speed][,callback])
$(selector).slideDown([speed][,callback])
```

5.4　toggle()方法

在 4.2 节的代码中，使用了 toggle()方法，也对此方法进行了简单的介绍。语法如下：

```
$(selector). toggle([speed][,easing][,callback])
```

此方法的作用是让匹配元素在隐藏和显示之间切换，它相当于 hide()方法和 show()方法组合的一个方法。它检查被选元素的可见状态，如果元素是隐藏的，则运行 show()方法，显示元素；如果元素是可见的，则运行 hide()方法，隐藏元素。这会造成一种切换的效果。

toggle()方法有三个可选参数，参数的使用方法可以参考 show()、hide()方法。

如下面的 HTML 代码：

```
<button>隐藏/显示</button>
<div style="width:200px;height:200px;background-color:red">1</div>
```

要让点击按钮时，div 元素在隐藏和显示之间切换，只需要使用下面的 jQuery 代码即可：

```
$('button').click(function () {
    $('div').toggle(1000);
})
```

5.5　自定义动画

前面已经讲了 4 种类型的动画。其中 show()方法和 hide()方法会同时修改元素的多个 CSS 属性，即高度(height)、宽度(width)和不透明度(opacity)；fadeOut()方法和 fadeIn()方法只会修改元素的不透明度；slideDown()方法和 slideUp()方法只会改变元素的高度；toggle()方法会将 hide()方法和 show()方法组合起来。

很多情况下，这些方法无法满足用户的各种需求，那么就需要对动画有更多的控制，需要采取一些高级的自定义动画来解决这些问题。在 jQuery 中，可以使用 animate()方法来自定义动画。animate()方法有两种语法，语法 1 如下：

```
$(selector).animate({styles}[,speed][,easing][,callback])
```

此方法有一个必需参数和三个可选参数：

➢ 第一个参数：必需。规定产生动画效果的一个或多个 CSS 样式和值。

➢ 第二个参数：可选。规定动画的速度。可以是一个以毫秒为单位的 number 值，也可以是 slow(慢速)和 fast(快速)。

➢ 第三个参数：可选。设置在动画的不同时间点上元素的速度，可以是 swing(默认)或 linear。

➢ 第四个参数：可选。animate 函数执行完之后，要执行的回调函数。

语法 2 如下：

```
$(selector).animate({styles}[,{options}])
```

此方法有一个必需参数和一个可选参数：

➢ 第一个参数：必需。规定产生动画效果的一个或多个 CSS 样式和值。

➢ 第二个参数：可选。规定动画的额外选项。

5.5.1　自定义简单动画

首先来看一个简单的例子，在页面中有一个 div 元素：

```
<div id="myDiv"></div>
```

这个 div 元素具有如下 CSS 属性：

```
#myDiv{
    position: relative;
    width: 300px;
    height: 300px;
    background-color: orange;
}
```

当点击 div 元素时，让元素在 3 秒内向右移动 500 像素：

```
$('#myDiv').click(function () {
    $(this).animate({left:'500px'},3000);
})
```

页面效果如图 5-3 和图 5-4 所示。

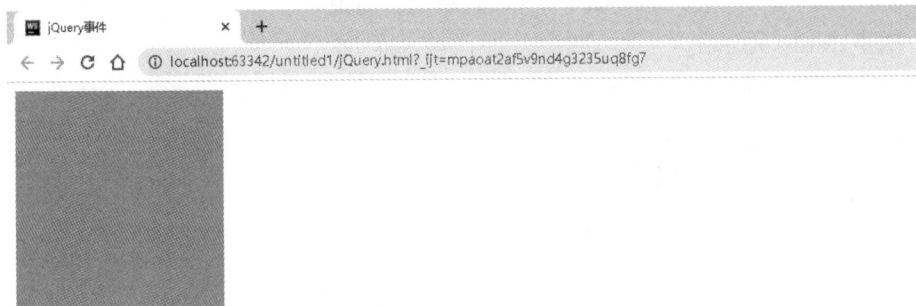

图 5-3　页面初始化效果图

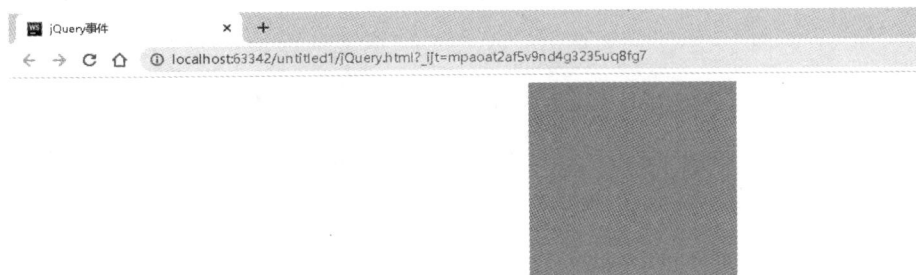

图 5-4　点击 div 元素后效果图

在上面的代码中，要使 div 元素向右移动，我们采用的方法是改变元素的 left(CSS 属性)值。需要注意的是，为了能够使元素的 left、right、top、bottom 等属性生效，必须先把元素的 position(CSS 属性)设置为 relative 或 absolute。此处我们设置"position:relative"，有了这个值，就能设置元素的 left 属性，使元素动起来。

5.5.2　累加、累减动画

　　上面的代码，设置了元素向右移动 500 像素(left:500px)，当执行了一次移动效果后，再次点击 div 元素，将不会有任何效果。如果在"500px"前面加上"+="或"－="，则代码的效果会发生变化，变为每次会在原来的基础上进行累加或累减。比如将上面的 jQuery 代码改成下面的累加代码：

```
$('#myDiv').click(function () {
        $(this).animate({left:'+=500px'},3000);
})
```

页面呈现的效果如图 5-5～图 5-8 所示。
页面初始化效果：

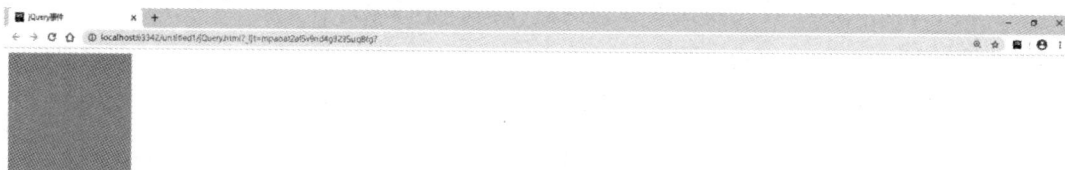

图 5-5　页面初始化效果图

第一次点击 div 元素：

图 5-6　第一次点击 div 元素效果图

第二次点击 div 元素：

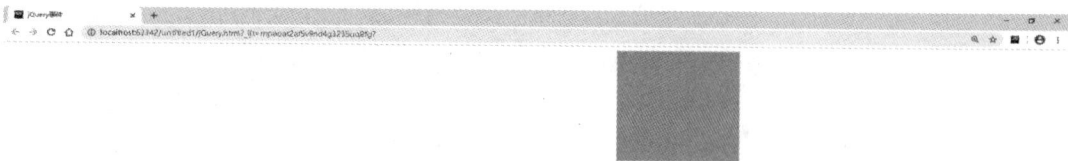

图 5-7　第二次点击 div 元素效果图

第三次点击 div 元素：

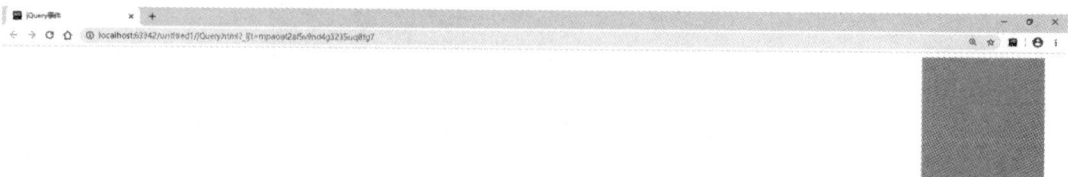

图 5-8　第三次点击 div 元素效果图

5.5.3 累加、累减动画

1. 同时执行多个动画

在上面的例子中，通过控制属性 left 的值实现了动画的效果，这是一个单一的动画。如果需要同时执行多个动画，例如在元素向右滑动的同时，放大元素。根据 animate()方法的语法结构，可以将 jQuery 代码改写为下面的代码：

```
$('#myDiv').click(function () {
    $(this).animate({left:'500px',height:'300px',width:'300px'},3000);
})
```

点击 div 元素后效果如图 5-9 所示，div 元素不仅向右移动了，还增加了宽度和高度。

图 5-9 点击 div 元素后效果图

2. 按顺序执行多个动画

上面的代码中，left、width、height 属性的变化是同时发生的，如果想要按顺序依次执行多个动画，比如先向右移动 500px(增加 left)，移动完成后再放大元素(增加 width 和 height)，可以将代码修改如下：

```
$('#myDiv').click(function () {
    $(this).animate({left:'500px'},3000);
    $(this).animate({height:'300px',width:'300px'},3000);
})
```

因为 animate()方法都是针对同一个 jQuery 对象进行操作的，所以也可以改为链式写法，代码如下：

```
$('#myDiv').click(function () {
    $(this).animate({left:'500px'},3000)
    .animate({height:'300px',width:'300px'},3000);
})
```

5.5.4 动画的回调函数

在上面的示例中，如果想在最后元素运动完以后，让元素不经过动画效果，直接回到原来的状态，可以在动画最后使用回调函数，使用 css()方法将元素的 CSS 属性修改为原来的状态，代码如下：

```
$('#myDiv').click(function (){
    $(this).animate({left:'500px'},3000)
```

```
    .animate({height:'300px',width:'300px'},3000,function(){
        $(this).css({left:0,width:'200px',height:'200px'});
    });
})
```

上面的代码定义的动画效果是：点击 div 元素，元素首先向右移动 500px，然后放大到 1.5 倍，最后还原最初状态。

需要注意的是，要实现上面要求的效果，不能把 css()方法直接链接到最后，把 css()方法直接链接到最后会使 css()方法在动画刚开始执行的时候马上被执行。因为 css()方法不会加入到动画队列中，而是会被立即执行，而回调函数会加入动画队列，从而实现需要的效果。

5.6 动画队列

上面提到了一个新的概念：动画队列。什么是 jQuery 的动画队列？首先，我们先来了解一下什么是队列。队列是一种特殊的线性表，只允许在表的前端(表头)进行删除操作，在表的后端(表末)进行添加操作，队列的特点是先进先出，最先插入的元素最先被删除。所以，动画队列可以说是动画执行的一个顺序机制，当我们对一个对象添加多次动画效果时，添加的动作就会被放入这个动画队列中，等前面的动画完成后再开始执行。

动画队列机制的执行顺序是：

对于一组元素上的动画效果，有如下两种情况：

(1) 当在一个 animate()方法中应用多个属性时，动画是同时发生的；

(2) 当以链式的写法应用动画方法时，动画是按照顺序发生的。

对于多组元素上的动画效果，有如下情况：

(1) 默认情况下，动画都是同时发生的；

(2) 当以回调的形式应用动画方式时，动画是按照回调顺序发生的。

另外，在动画方法中，要注意其他非动画方法会插队，例如 css()方法要使非动画方法也按照顺序执行，需要把这些方法写在动画方法的回调函数中。

5.7 停 止 动 画

5.7.1 停止元素的动画

很多时候需要停止匹配元素正在进行的动画，例如上例的动画，如果需要在某处停止动画，需要使用 stop()方法。stop()方法的语法如下：

```
$(selector).stop([stopAll][,goToEnd])
```

此方法有两个可选参数：

➢ 第一个参数：可选。布尔值，规定是否停止被选元素的所有加入队列的动画。默认是 false。

> 第二个参数：可选。布尔值，规定是否立即完成当前的动画。默认是 false。

直接使用 stop()方法，则会立即停止当前正在进行的动画，如果接下来还有动画等待继续进行，则以当前状态开始接下来的动画。经常会遇到这种情况：在为某个元素绑定鼠标移入、移出事件之后，用户把光标移入元素时会触发动画效果，而当这个动画还没结束时，用户就将光标移出这个元素了，那么光标移出的动画效果将会被放进队列之中，等待光标移入的动画结束后再执行。因此如果光标移入移出得过快就会导致动画效果与光标的动作不一致。此时只要在光标的移入、移出动画之前加入 stop()方法，就能解决这个问题。stop()方法会结束当前正在进行的动画，并立即执行队列中的下一个动画。以下代码就可以解决刚才的问题：

```
$('#myDiv').hover(function () {
    $(this).stop().animate({width:'300px',height:'300px'},1000);
},function () {
    $(this).stop().animate({width:'100px',height:'100px'},1000);
})
```

但是如果遇到组合动画，比如下面的代码：

```
$('#myDiv').hover(function () {
    $(this).stop()
        .animate({width:'300px'},1000)
        .animate({height:'300px'},1000);
},function () {
    $(this).stop().animate({width:'100px'},1000)
        .animate({height:'100px'},1000);
})
```

此时只用一个不带参数的 stop()方法就显得力不从心了。因为 stop()方法只会停止正在进行的动画，如果动画正执行在第 1 阶段(改变 width 的阶段)，则触发光标移出事件后，只会停止当前的动画，并继续进行下面的 animate({height:'300px'},1000)动画，而光标移出事件中的动画要等这个动画结束后才会继续执行，这显然不是预期的结果。这种情况下 stop()方法的第 1 个参数就发挥作用了，可以把第 1 个参数(stopAll)设置为 true，此时程序会把当前元素接下来尚未执行完的动画队列都清空。把上面的代码改成如下代码，就能实现预期的效果。

```
$('#myDiv').hover(function () {
    $(this).stop(true)
        .animate({width:'300px'},1000)
        .animate({height:'300px'},1000);
},function () {
    $(this).stop(true)
        .animate({width:'100px'},1000)
```

```
        .animate({height:'100px'},1000);
    })
```

第 2 个参数(goToEnd)可以用于让正在执行的动画直接到达结束时刻的状态，通常用于后一个动画需要基于前一个动画的末状态的情况，可以通过 stop(false,true)这种方式来让当前动画直接到达末状态。

当然也可以两者结合起来使用 stop(true,true)，即停止当前动画并直接到达当前动画的末状态，并清空动画队列。

但是，jQuery 只能设置正在执行的动画的最终状态，并没有提供直接到达未执行动画队列最终状态的方法。例如下面的动画代码：

```
$('#myDiv').animate({width: '300px'}, 1000)
    .animate({height: '300px'}, 1000)
    .animate({left: '500px'}, 1000);
```

无论怎么设置 stop()方法，均无法在改变 width 或者 height 时，将此 div 元素的末状态变成 300×300 的大小，并且设置 left 值为 500px。

5.7.2 判断元素是否处于动画状态

在使用 animate()方法的时候，要避免动画积累而导致动画效果与用户的行为不一致。当用户快速在某个元素上执行 animate()动画时，就会出现动画积累。解决方法是判断元素是否正处于动画状态，如果元素不处于动画状态，才为元素添加新的动画，否则不添加。

在 jQuery 中，is()方法用于查看选择的元素是否匹配选择器。语法为：

```
$(selector).is(selector[,function])
```

此方法有两个参数：

第一个参数：必需。选择器表达式，根据选择器/元素/jQuery 对象检查匹配元素集合，如果存在至少一个匹配元素，则返回 true，否则返回 false。

第二个参数：可选。指定了选择元素组要执行的函数。

使用 is()方法，可以判断元素是否处于动画状态。下面的代码，在 is()方法的参数中使用动画过滤器(:animated)判断选中的元素是否处于动画状态：

```
if($(selector).is(':animated')){
    //添加新动画
}
```

这个判断方法在 animate()动画中经常被用到。

5.8 动画方法概括

上面介绍了常用的动画方法，还有一些动画方法没有介绍到，现将所有动画方法总结如下表 5-1 所示。

表 5-1　jQuery 动画方法汇总

方　　法	说　　明
hide()和 show()	同时修改匹配元素的 width、height、opacity 属性，让元素隐藏或显示
fadeIn()和 fadeOut()	只改变匹配元素的 opacity 属性，让元素在显示和隐藏之间切换
slideUp()和 slideDown()	只改变匹配元素的 height 属性，让元素在显示和隐藏之间切换
fadeTo()	将匹配元素的 opacity 属性逐渐改变为指定的值
toggle()	用来组合 hide()方法和 show()方法，同时修改匹配元素的 width、height、opacity 属性，让元素在显示和隐藏之间切换
slideToggle()	用来组合 slideUp()方法和 slideDown()方法，只改变匹配元素的 height 属性，让元素在显示和隐藏之间切换
animate()	自定义动画的方法，以上各种动画方法实质内部都调用了 animate()方法。此外，直接使用 animate()方法还能自定义其他的样式属性

≫ 任 务 实 施

1. 定义控件结构及 CSS 样式

由于页面结构及 CSS 样式不是本书重点，因此此部分的编码思路及过程省略，大家可以参考下面的代码：

```
<!DOCTYPE html>
<html lang="zh-CN">
<head>
    <meta charset="UTF-8">
    <title>jQuery 轮播图</title>
    <script src="js/jquery-1.12.4.js"></script>
    <style>
        * {
            padding: 0;
            margin: 0;
            box-sizing: border-box;
        }
        .v_show .v_header{
            width:98%;
            margin: auto;
            padding: 5px 15px;
            border-bottom: 1px solid gray;
        }
        .v_show .v_header span{
            float: right;
            line-height: 30px;
```

```
        }
        .v_show .v_header span a{
            text-decoration: none;
            color: #222;
            font-size: 12px
        }
        .v_show {
            margin: 10px auto;
            width: 800px;
            border: 1px black solid;
        }
        .v_show .v_content {
            height: 190px;
            white-space: nowrap;
            overflow: hidden;
        }
        .v_show .v_control {
            height: 30px;
            text-align: center;
        }
        .v_show .v_content ul {
            position: relative;
            left: 0;
            list-style: none;
            width: 2500px;
        }
        .v_show .v_content ul li {
            width: 180px;
            height: 180px;
            float: left;
            margin: 9px 0 0 16px;
            font-size: 14px;
        }
        .v_show .v_content ul li div {
            width: 180px;
            height: 100px;
            overflow: hidden;
            margin-bottom: 5px;
        }
```

```
        .v_show .v_content ul li a {
            display: block;
            width: 180px;
            white-space: normal;
            text-decoration: none;
            color: black;
            overflow: hidden;
            margin-bottom: 5px;
        }
        .v_show .v_content ul li img {
            width: 180px;
        }
        .v_show .v_control span {
            display: inline-block;
            border: 1px black solid;
            width: 10px;
            height: 10px;
            border-radius: 50%;
        }
        span.current {
            background-color: black;
        }
    </style>
</head>
<body>
<div class="v_show">
    <div class="v_header">
    <span><a href="#">更多动漫视频 》</a></span>
    <h3>动漫视频</h3>
</div>
<div class="v_content">
    <ul>
        <li>
            <div><a href="#"><img src="imgs/01.png" alt=""></a></div>
            <a href="#">名侦探柯南 异次元的狙击手</a>
            <span>播放：12,536</span>
        </li>
        <!-- 【由于篇幅限制，此处省略 10 个 li 元素】-->
        <li>
```

```
                    <div><a href="#"><img src="imgs/08.jpg" alt=""></a></div>
                    <a href="#">【BD1080P/DVD960P】浪客剑心 TV+剧场版+星霜篇</a>
                    <span>播放：12,536</span>
                </li>
            </ul>
        </div>
        <div class="v_control">
            <button id="prev"><</button>
            <span class="current"></span>
            <span></span>
            <span></span>
            <button id="next">></button>
        </div>
    </div>
</body>
</html>
```

页面效果如图 5-10 所示。

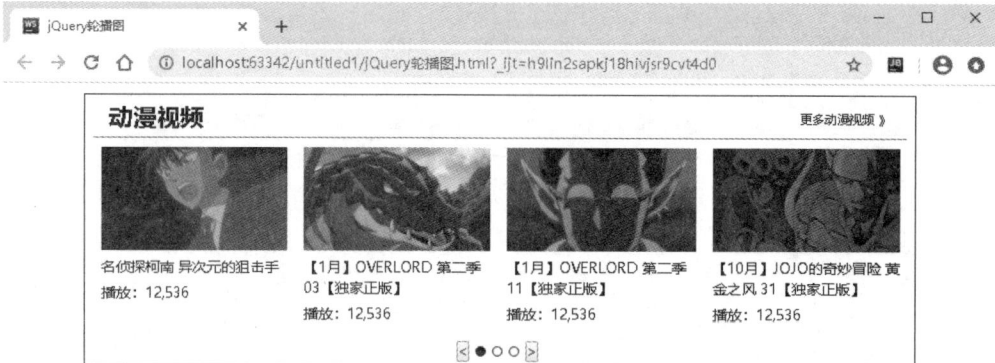

图 5-10　轮播图结构规划

2. 为控件添加翻页功能

接下来的工作是按照需求编写脚本，控制页面的交互性。

页面布局的思路是在内容区域的 div 元素 v_content 中放置一个 ul 元素，设置 ul 元素中所有的 li 元素在一行显示，对超出 div 元素的内容进行隐藏，因此动画思路也非常明显了：只需要设置 ul 元素的 left 属性，就能使展示内容进行左右移动。通过计算，每一个 li 元素的实际宽度是(width)+(margin-left)，即 180px+16px，为 196px，那么每次向左或向右移动的距离为 196px * 4，即 784px。

首先通过 jQuery 选择器获取向右的箭头元素，然后为它绑定 click 事件，代码如下：

```
$('.v_control #next').click(function () {
    var sleft = $('.v_show .v_content ul').css('left');
    if(sleft === '-1568px'){
```

```
                    return false;
                }else{
                    $('.v_show .v_content ul').animate({left:'-=784px'});
                    $('.v_control .current').next()
                        .addClass('current')
                        .siblings().removeClass('current');
                }
            });
```

当视频数量有 3 页(12 个)时，left 值有：0px、-784px、-1568px 三种情况。当点击向右的箭头时，先获取 ul 元素的 left 值，当显示到了第三页，再点击向右按钮不会产生效果，因此判断，如果 left 值等于-1568px，则不进行任何操作。当值不等于-1568px，则代表此时页面显示的是第一页或者第二页，此时使用 animate()方法让 ul 元素的 left 值减少 784px，就能实现列表向右移动的效果。

同时，在列表移动时，代表当前位置的小圆点应该跟着向右移动。在 CSS 代码中，代表当前位置的小圆点是 span 添加了类名 current，因此，在 jQuery 代码中，先找到添加了类名的 span 元素，让它后面的 span 元素添加类名 current，然后去掉自己本身的类名即可完成实心小圆点向右移动的操作。

运行上面的代码，慢慢地单击向右按钮，并没有发现任何问题，但是如果快速地单击向右按钮，就会出现问题了：就算到达了最后一页，也不会停止翻页，而是继续向后翻页，而此时后面已经没有内容了，导致内容区变成了空白。

在前面已经介绍过动画队列，这里的问题就是由动画队列引起的。当快速单击向右按钮时，由于单击时 ul 元素还在运动中，并没有达到最终状态，因此判断语句会认为此时不是第三页而把产生的动画追加到动画队列中，从而出现达到最后一页后依然进行翻页操作的情况。为了解决这个问题，可以在单击事件开始时先判断元素是否处于动画状态，只有元素不处于动画状态时才开始新的状态，代码如下：

```
$('.v_control #next').click(function () {
    if($('.v_show .v_content ul').is(':animated')){//判断元素是否正在执行动画
        return false;
    }
    var sleft = $('.v_show .v_content ul').css('left');
    if(sleft === '-1568px'){//判断是否已经是最后一页
        return false;
    }else{
        $('.v_show .v_content ul').animate({left:'-=784px'});
        $('.v_control .current').next()
            .addClass('current')
            .siblings().removeClass('current');
    }
});
```

此时，向右翻页功能制作完成了，测试后也没有其他问题需要处理。

接下来，就能为向左的按钮添加 click 事件了，思路相似，此处不再赘述，代码如下：

```
$('.v_control #prev').click(function () {
    if($('.v_show .v_content ul').is(':animated')){
        return false;
    }
    var sleft = $('.v_show .v_content ul').css('left');
    if(sleft === '0px'){//当 left 值为 0 时，代表现在已是第一页，不再翻页
        return false;
    }else{
        $('.v_show .v_content ul').animate({left:'+=784px'});
                        //向右移动是 left 值减小，相对应的，向左移动则是 left 增加
        $('.v_control .current').prev()        //找到前面的 span 元素添加类名
            .addClass('current')
            .siblings().removeClass('current');
    }
});
```

页面效果如图 5-11 所示。

图 5-11　翻页效果展示

单　元　总　结

本单元讲解的是 jQuery 中的动画。首先从最简单的动画方法 show()方法和 hide()方法开始介绍，通过带参数和不带参数两种方法来实现动画效果，参数可以使用速度关键字 slow、fast 和 normal，也可以自己定义数字。接下来讲解了 fadeIn()方法和 fadeOut()方法、slideUp()和 slideDown()方法，通过这些方法也能达到同样的动画效果。最后，介绍了最重要的 animate()方法，通过此方法不仅能实现前面的所有动画，也能自定义动画。在做动画的过程中，需要特别注意动画的执行顺序，也要注意非动画方法会插队，可以通过动画方法的回调函数解决这个问题。

单元 6

jQuery 中的 Ajax

学习目标

知识目标

➢ 了解什么是同步交互和异步交互。
➢ 了解什么是 Ajax 及 Ajax 的优势和不足。
➢ 了解 Ajax 实现的过程。
➢ jQuery Ajax 方法的作用及使用方法。

技能目标

➢ 能够安装 Tomcat 服务器。
➢ 能够使用 Ajax 方法异步将数据发送到服务器进行处理。
➢ 能够使用 Ajax 方法异步获取服务器数据并加载到页面上。

任务 6 实现异步登录

任务描述

在任务 4 中我们完成了页面的登录模块。在用户浏览网站时可能对网站某些内容做了操作，如果某个操作触发了登录功能，需要刷新整个页面，用户的所有操作都会被重置，这会严重影响用户浏览网站。为了提升网站的用户体验，我们决定使用 Ajax(异步交互)技术实现页面的登录功能。

以任务 4 完成的页面为基础，模拟完成用户登录功能。提供的后台功能如下：

➢ 后台数据处理地址为：server.jsp。

➢ 需要传递用户名(username)和用户密码(password)到后台进行登录。

➢ 由于后台没有连接数据库，因此只能进行模拟登录操作，规定如下登录信息可通过验证：用户 1：管理员(admin,123)；用户 2：杰克(jack,456);用户 3：露丝(rose，123456)。

➢ 返回数据的格式为一个 JSON 字符串，可以转换成 JSON 对象，该对象有两个属性：errormsg 和 realname。如果登录错误，则 errormsg 中包含错误信息，realname 中为空；如果登录通过，则 errormsg 中为空，realname 中为登录用户的真实姓名。

后台处理文件"server.jsp"中的代码提供如下：

```jsp
<%@ page language="java" import="java.util.*" pageEncoding="utf-8"%>
<%
    String username = request.getParameter("username");
    String password = request.getParameter("password");
    String errormsg = "";
    String realname = "";
    if("".equals(username) || "".equals(password)){
        errormsg = "用户名或密码不能为空！";
    }else if(username.equals("admin")&&password.equals("123")){
        realname = "管理员";
    }else if(username.equals("jack")&&password.equals("456")){
        realname = "杰克";
    }else if(username.equals("rose")&&password.equals("123456")){
        realname = "露丝";
```

```
        }else{
            errormsg = "用户名或密码错误！";
        }
        response.setCharacterEncoding("UTF-8");
        response.setContentType("text/html;charset=UTF-8");
        response.getWriter().write("{\"errormsg\":\""+errormsg+"\",\"realname\":\""+realname+"\"}");
    %>
```

问题引导

1. 想要在不刷新页面的情况下实现动态更新页面该使用什么技术？
2. 如何获取页面中的信息并通过异步交互发送到服务器？
3. 如何根据服务器返回的内容动态更新页面？

相关知识

Ajax 全称为 "Asynchronous JavaScript And XML"（异步 JavaScript 和 XML），是一种创建交互式、快速动态网页应用的网页开发技术，无需重新加载整个网页就能够更新部分网页的技术。

6.1　Ajax 基础

Ajax 不是一种新的编程语言，而是一种用于创建更好更快以及交互性更强的 Web 应用程序的技术，是一种使用现有标准的新方法。

在了解 Ajax 之前，我们必须先了解两个名词：同步交互和异步交互。在 Web 开发中这两个词语经常被提及，但是很多人并不了解它们。

1. 同步交互

当我们需要向服务器请求数据时，传统的 Web 应用是采用同步交互的方式。比如用户输入账户名和密码，点击登录的操作，用户看到的是：当输入用户名和密码点击登录或提交按钮后，需要等待页面响应，此时不能对页面进行操作或者可以操作页面，但操作内容等页面响应完成后将丢失。而此时程序的处理过程是：提交请求到服务器→等待服务器返回处理结果→根据服务器返回结果刷新页面，示意图如图 6-1 所示。

同步交互的页面，不管验证通不通过，都会刷新页面，这会导致页面所有元素都会初始化，对于某些业务会严重影响用户体验。比如注册，用户填写完所有注册资料，点击提交后，发现用户名重复了，服务器返回注册不通过，这个时候页面也会刷新，用户填写的所有内容都将丢失，需要用户重新填写。

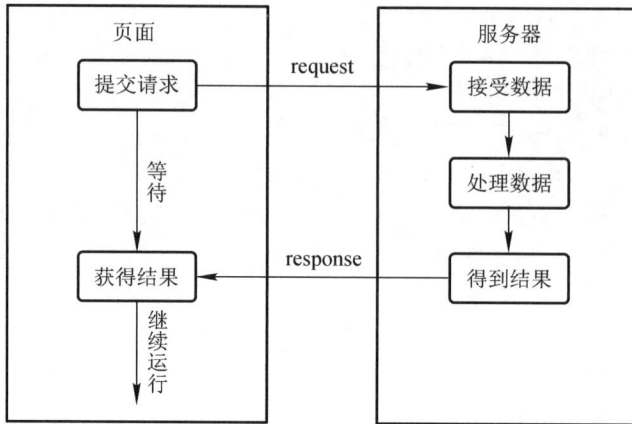

图 6-1　同步交互示意图

2. 异步交互

Ajax 采用异步交互的方式与服务器进行通信，可以很好地解决同步交互中页面卡顿、反复刷新等问题。以注册为例，为了页面的流畅性，在页面输入完用户名时就可以使用异步交互技术把用户输入的用户名发送到服务器判断用户名是否已存在，而在服务器验证用户名过程中，页面是可以继续操作的，在服务器返回了用户名检验结果后把结果显示在页面上即可，对用户没有任何影响。从用户的角度看来，当输入用户名后，继续输入密码等其他信息，而页面则给出了用户名是否合适的提示。此时程序的处理过程是：用户触发用户名验证事件 → JavaScript 调用 Ajax 将数据发给服务器处理→服务器处理完返回结果→JavaScript 根据服务器返回结果对页面元素进行修改，示意图如图 6-2 所示。

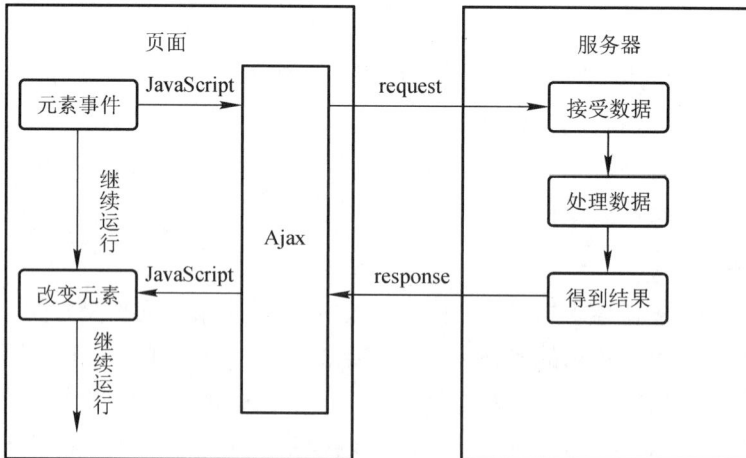

图 6-2　异步交互示意图

3. XMLHttpRequest 对象

Ajax 技术的核心是 XMLHttpRequest，它提供了对 HTTP 协议的完全访问权，包括做出 POST 和 HEAD 请求以及普通的 GET 请求的能力。XMLHttpRequest 可以同步或异步地返回 Web 服务器的响应，并且能够以文本或者一个 DOM 文档的形式返回内容。

XMLHttpRequest 得到了所有现代浏览器的较好支持。唯一的浏览器依赖性涉及

XMLHttpRequest 对象的创建。在 IE5 和 IE6 中，必须使用特定于 IE 的 ActiveXObject()构造函数。

6.2　Ajax 的优势和不足

6.2.1　Ajax 的优势

1. 无插件范式

Ajax 不需要任何浏览器插件，就可以被绝大多数主流浏览器所支持，用户只需要允许 JavaScript 在浏览器上执行即可。

2. 优秀的用户体验

Ajax 能在不刷新页面的情况下更新数据，使得 Web 应用程序更加的流畅，能更加迅速的回应用户操作，用户体验更佳。

3. 提高 Web 程序的性能

与传统模式相比，Ajax 模式在性能上的最大区别就在于传输数据的方式。在传统模式中，数据提交是通过表单(form)来实现的，数据获取是靠全页面刷新来重新获取整页的内容。而 Ajax 模式只是通过 XMLHttpRequest 对象向服务器端提交希望提交的数据，即按需发送。

4. 减轻服务器和带宽的负担

Ajax 把一部分服务器应该完成的工作省略了，只将需要处理的数据传递给服务器，这样不但服务器要处理的工作大大减少，还节省了通信过程中需要传递的数据量。

6.2.2　Ajax 的不足

1. 破坏浏览器前进、后退功能

在传统的网页中，用户经常会习惯性的使用浏览器自带的"前进"和"后退"按钮，然而 Ajax 改变了此 Web 浏览习惯。在 Ajax 中"前进"和"后退"按钮的功能都会失效，虽然可以通过一定的方法(如添加锚点)来使得用户可以使用"前进"和"后退"按钮，但相对于传统的方式却麻烦了很多，对于大多数程序员来说宁可放弃前进、后退的功能，也不愿意在繁琐的逻辑中去处理该问题。然而，对于用户来说，他们经常会碰到这种情况，当单击一个按钮触发一个 Ajax 交互后又觉得不想这样做，接着就去习惯性地单击"后退"按钮，结果发生了最不愿意看到的结果，浏览器后退到了先前的一个页面，通过 Ajax 交互得到的内容完全消失了。

2. 对搜索引擎的支持不足

对搜索引擎的支持不足也是 Ajax 的一项缺陷。通常搜索引擎是通过爬虫程序来对互联网上的数以亿计的海量数据来进行搜索整理的，然而爬虫程序现在还不能理解那些奇怪的 JavaScript 代码和因此引起的页面内容的变化,这使得应用 Ajax 的站点在网络推广上相对于传统站点明显处于劣势。

6.3　Tomcat 服务器

由于讲解后面的 Ajax 方法需要与 Web 服务器端进行交互,因此,我们需要安装一个 Web 服务器用于运行网站后台程序。我们选择的服务器是 Tomcat 服务器,后台处理使用 JSP 页面进行处理。JSP 代码的语法和 JavaScript 相似,大家应该可以很容易地使用它完成一些简单的后台功能。

Tomcat 是 Apache 软件基金会(Apache Software Foundation)的 Jakarta 项目中的一个核心项目,是一个免费的开放源代码的 Web 应用服务器,属于轻量级应用服务器,在中小型系统和并发访问用户不是很多的场合下被普遍使用,是开发和调试 JSP 程序的首选。

6.3.1　下载 Tomcat 服务器

打开 Tomcat 的官方网站:https://tomcat.apache.org/,找到左侧的 download 列表,点击需要下载的版本进入下载页面,本单元我们选择 Tomcat 9。在进入的页面中,可以根据对应的操作系统版本下载压缩包(zip 文件),压缩包下载下来后可以直接使用;也可以下载安装文件,此处我们下载安装文件(Installer)。下载示意图如图 6-3 所示。

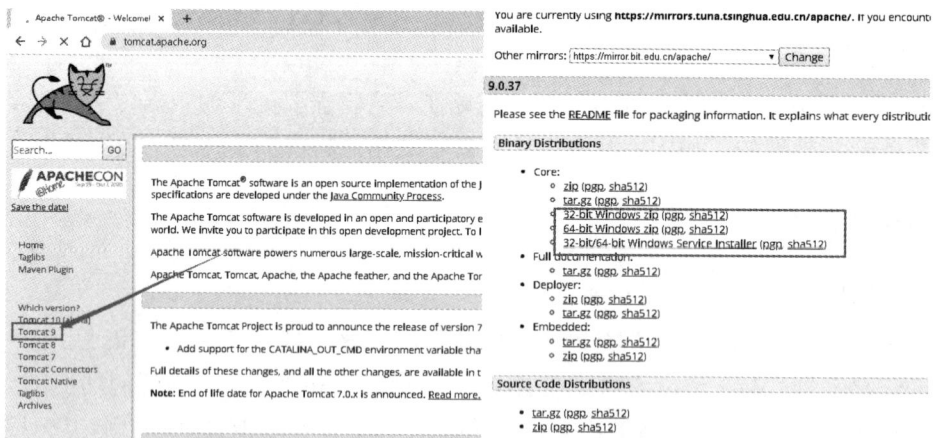

图 6-3　Tomcat 9 下载

6.3.2　安装 Tomcat 服务器

双击打开下载的安装包,进入欢迎界面;点击"next",进入用户协议页面;点击"next",进入组件选择页面,使用默认组件即可;直接点击"next",进入配置页面,此处需要设置用户名和密码,以方便后期管理,如图 6-4 所示;设置完成后继续点击"next",进入 Java 运行时选择页面,如果机器中已经安装了 Java 运行时,则安装程序会自动选择,如果没有,则需要下载并安装 Java 运行时(此处略过 Java 运行时的下载安装过程,大家可以自行了解);

点击"next"，进入安装目录选择，选择安装目录后点击"Install"进行安装。

　　注意，如果使用默认配置，Tomcat 服务器的默认端口是"8080"，大家需要记住这个端口号，在后面访问发布应用时需要输入到 URL 中。

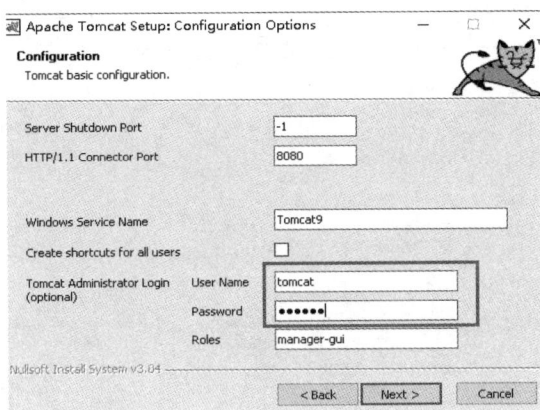

图 6-4　Tomcat 配置页面

6.3.3　Tomcat 服务器基本使用

1. 打开 Tomcat 服务

　　安装完成后可以直接运行 Tomcat，也可以在 Windows 开始菜单中找到"monitor Tomcat"打开 Tomcat 服务管理工具，如图 6-5 所示。

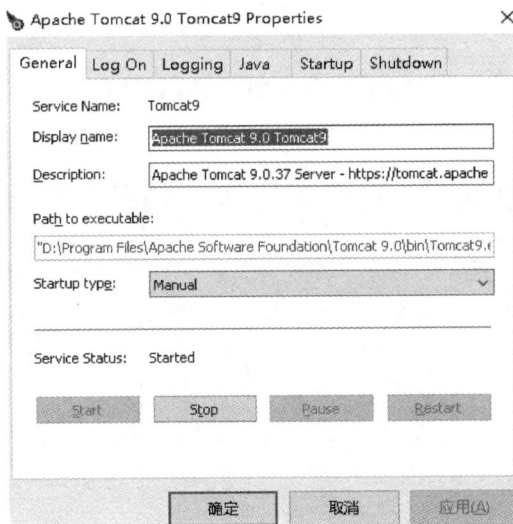

图 6-5　Tomcat 服务管理界面

　　在"General"界面中，只要下面的"Service Status"状态为"Started"，则代表服务器已经开启，可以使用 Tomcat 服务器，否则，需要点击下方的"Start"按钮开启 Tomcat 服务。

2. 打开 Tomcat 管理页面

　　打开浏览器，在浏览器中输入如下 URL："localhost:8080"，即可进入 Tomcat 服务器管理页面，"8080"是之前安装时设置的端口号，如图 6-6 所示。

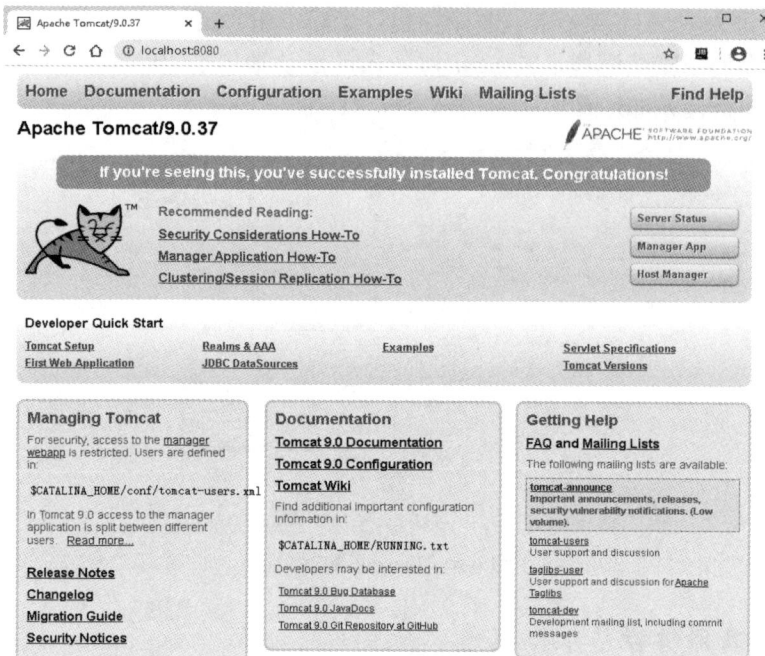

图 6-6　Tomcat 服务器管理页面

点击上方的"Manager App"按钮，输入安装时设置的账号名和密码可以进入 Web 应用程序管理页面，如图 6-7 所示，在这个页面中可以看到发布在服务器上的应用程序。

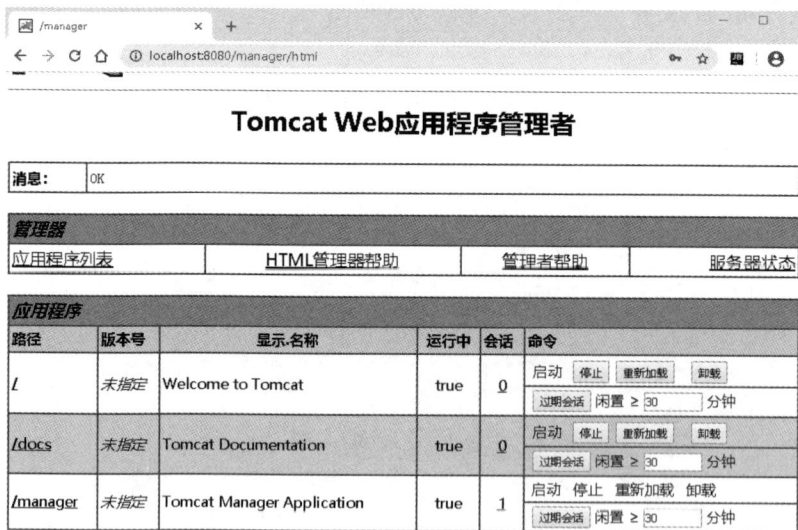

图 6-7　Tomcat Web 应用程序管理页面

3. 发布我的第一个服务器应用

打开 Tomcat 安装目录，进入目录中的"webapps"文件夹，在文件夹中新建一个文件夹，命名为"ajax"(注意名字的大小写)，进入"ajax"文件夹，在文件夹中新建一个"server.jsp"文件，并在文件中输入如下代码：

```
<%@page pageEncoding="utf-8"%>
```

```
<%
    out.println("Hello JSP!");
%>
```

保存文件时注意选择文件另存为，选择编码格式为："UTF-8"，如图 6-8 所示。

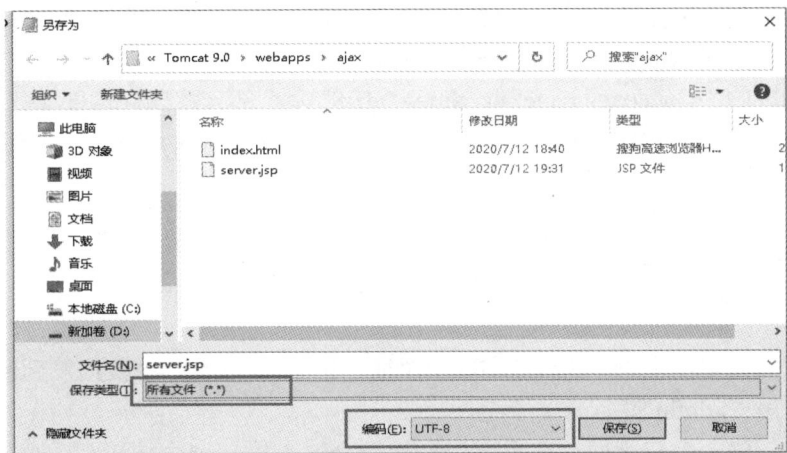

图 6-8　JSP 文件保存

保存退出文件后，打开浏览器，在地址栏中输入如下 URL："localhost: 8080/ajax/server.jsp"，可以看到页面中显示了"Hello JSP！"的页面，如图 6-9 所示。

图 6-9　JSP 页面运行效果

此时刷新 Tomcat Web 应用程序管理页面可以看到我们刚才所添加的应用，如图 6-10 所示。

图 6-10　Tomcat Web 应用程序管理页面显示发布的应用

4. JSP 代码解释

"'.jsp"文件中可以写 HTML、CSS、JavaScript 代码，也可以写 JSP 代码。写 HTML 代码时和一般的 html 文件一样，直接写在文件中即可；JSP 代码需要用"<%"和"%>"符号包裹，代表这些是服务器端代码，服务器会将代码编译后生成对应的 HTML 代码嵌入页面发送给客户端。以后我们的后台程序将全部写在"'.jsp"文件中的"<%　%>"符号(java 代码段)中，用于处理 Ajax 发送到服务器的数据。

上面代码中的"<%@page pageEncoding="utf-8"%>"部分代码，是 java 代码中的指令，用于设置(告诉服务器)页面的编码格式为"UTF8"；"out.println()"方法用于将字符串输出到客户端。

6.4　我的第一个 Ajax 页面

接下来我们使用原生 JavaScript 实现一个简单的 Ajax 页面：将数据发到服务器判断数据是不是字符串"admin"。

首先我们新建一个空页面，在页面中添加一个输入框、一个按钮和一个 div 元素，点击按钮执行 Ajax，将输入框的内容提交到服务器进行匹配。如果输入框内的内容是"admin"，则在 div 中显示"匹配成功"，否则显示"匹配失败"。

1. 编写 HTML 代码

页面 HTML 如下：

```
<input id="ipt" type="text">
<button onclick="Ajax()">获取服务器数据</button>
<div id="respText"></div>
```

2. 编写 JavaScript 代码

接下来需要为按钮的点击事件编写 JavaScript 代码。

(1) 定义一个函数，通过该函数来异步获取信息，代码如下：

```
function Ajax() {
    //函数的实现
}
```

(2) 创建 XMLHttpRequest 对象。

在创建 XMLHttpRequest 时需要注意，IE7 以前的版本是以 ActiveObject 的方式引入 XMLHttpRequest 对象的，因此需要进行判断。当然，现在 IE7 以前的浏览器基本上在市场上已经看不到了，这一步判断也可以省略。

```
var xmlhttp;
if(window.XMLHttpRequest){
    // IE7+及现代浏览器执行代码
    xmlhttp=new XMLHttpRequest();
}else{
```

```
        // IE6, IE5 浏览器执行代码(可省略此判断)
        xmlhttp=new ActiveXObject("Microsoft.XMLHTTP");
    }
```

(3) 设置后台处理完成后的操作。

由于 Ajax 是异步处理，因此在发送完请求后，需要监控请求的状态，当服务器处理完毕时对服务器的响应做出相应的处理。一般使用 onreadystatechange 事件来响应任务。

```
    xmlhttp.onreadystatechange = function () {
        if (xmlhttp.readyState === 4 && xmlhttp.status === 200) {
            document.getElementById("respText").innerHTML = xmlhttp.responseText;
        }
    };
```

上面的代码中使用了 XMLHttpRequest 对象的三个重要的属性：

➢ onreadystatechange：存储函数(或函数名)，每当 readyState 属性改变时，就会调用该函数。

➢ readyState：存有 XMLHttpRequest 的状态。从 0 到 4 发生变化：0—请求未初始化；1—服务器连接已建立；2—请求已接收；3—请求处理中；4—请求已完成，且响应已就绪。

➢ status：存有目标页面状态。200：OK；404：未找到页面。

(4) 初始化 XMLHttpRequest 对象。

使用 open()方法初始化 XMLHttpRequest 对象，指定 HTTP 方法和设置要使用的服务器 URL。

```
    xmlhttp.open('GET', 'server.jsp?txt=' + otxt.value, true);
```

此处我们使用"get"方法从服务器获取数据；后台处理页面的地址是"server.jsp"；第三个参数是设置是否采用异步处理方式，选择 true，表示使用异步处理方式。

(5) 发送请求。

使用 XMLHttpRequest 对象的 send()方法发送该请求，因为请求使用的是"get"方式，需要传递给服务器的参数已经拼接在 URL 中了，因此，send()方法不需要指定参数。

```
    xmlhttp.send();
```

Ajax 完整方法代码如下：

```
    <script>
        function Ajax() {
            var xmlhttp;
            var otxt = document.getElementById('txt');
            if (window.XMLHttpRequest){
                xmlhttp=new XMLHttpRequest();
            }else{
                xmlhttp=new ActiveXObject("Microsoft.XMLHTTP");
            }
            xmlhttp.onreadystatechange=function(){
                if (xmlhttp.readyState===4 && xmlhttp.status===200){
```

```
                    document.getElementById("respText").innerHTML= xmlhttp.responseText;
            }
        };
        xmlhttp.open('GET','server.jsp?txt='+ otxt.value ,true);
        xmlhttp.send();
    }
</script>
```

3. 编写 JSP 代码

打开 "server.jsp" 文件，在文件中输入如下代码：

```jsp
<%@page pageEncoding="utf-8" %>
<%
    //获取 Ajax 传递过来的数据
    String stxt = request.getParameter("txt");
    //设置 Response 的编码格式为 UTF-8
    response.setCharacterEncoding("UTF-8");
    //设置发送到客户端的响应的内容类型及编码格式
    response.setContentType("text/html;charset=UTF-8");
    if(stxt.equals("admin")){//判断 stxt 的值是不是 admin
        //发送数据 "正确"
        response.getWriter().write("正确");
    }else{
        //发送数据 "错误"
        response.getWriter().write("错误");
    }
%>
```

由于大家可能对 JSP 代码不了解，因此在代码中添加了代码作用的注释。

页面运行效果如图 6-11 所示。

图 6-11　Ajax 运行结果

6.5　jQuery 中的 Ajax

jQuery 对 Ajax 操作进行了封装，在 jQuery 中$.ajax()方法属于最底层的方法，第 2 层是 load()、$.get()和$.post()方法，第 3 层是$.getScript()和$.getJSON()方法。

6.5.1 load()方法

jQuery 中 load()方法的作用是从服务器加载数据，并把返回的数据放置到指定的元素中。语法为：

```
$(selector).load(url[,data][,function(response,status,xhr)])
```

该方法有三个参数：

➢ 第一个参数：必需。规定需要加载的 URL。

➢ 第二个参数：可选。规定连同请求发送到服务器的数据。

➢ 第三个参数：可选。规定 load()方法完成时的回调函数。该回调函数有三个可选参数：response(包含来自请求的结果数据)、status(包含请求的状态"success"、"notmodified"、"error"、"timeout"、"parsererror")、xhr(XMLHttpRequest 对象)。

该方法是最简单的从服务器获取数据的方法。它几乎与$.get()方法等价，不同的是它不是全局函数，并且它拥有隐式的回调函数。当侦测到成功的响应时(比如，当 textStatus 为"success"或"notmodified"时)，load()方法将匹配元素的 HTML 内容设置为返回的数据。这意味着该方法在大多数情况下使用起来非常简单。

1. 使用 load()方法载入 HTML 页面

(1) 创建被加载页面。

首先新建一个 HTML 页面，命名为"test.html"，在 body 元素中输入如下代码：

```
<table>
    <caption>商品价格</caption>
    <tr>
        <th>商品名</th>
        <th>价格</th>
    </tr>
    <tr>
        <td>苹果</td>
        <td>8</td>
    </tr>
    <tr>
        <td>香蕉</td>
        <td>3.3</td>
    </tr>
    <tr>
        <td>桃子</td>
        <td>5.5</td>
    </tr>
</table>
```

使用如下 CSS 进行简单的修饰：

```
table{
    border-collapse: collapse;
}
td,th{
    width:100px;
    height: 30px;
    border: 1px black solid;
}
```

(2) 创建 Ajax 页面。

创建一个新的页面，命名为"index.html"，输入如下 HTML 代码：

```
<button>获取数据</button>
<div id="respText"></div>
```

为 button 添加点击事件：

```
$(document).ready(function () {
    $('button').click(function () {
        $('#respText').load('test.html');
    })
});
```

当点击按钮时会把 test.html 页面加载到 index.html 页面中的 div 元素中，效果如图 6-12 所示。

图 6-12　数据加载成功

2. 筛选载入的 HTML 页面内容

上面的例子是将 test.html 页面中的内容都加载到 id 为"respText"的 div 元素里。如果只需要加载 test.html 页面内的某些元素，那么可以使用$.load()方法的 URL 参数来达到目的。通过为 URL 参数指定选择符，就可以很方便地从加载过来的 HTML 文档里筛选出所需要的内容。

load()方法的 URL 参数的语法结构为"url selector"。注意，URL 和选择器之间有一个空格。

如上面的加载代码(load())，只需要加载 class 为 highlight 的内容，代码可以改写为：

```
$('#respText').load('test.html .highlight');
```

3. 发送方式

load()方法的请求发送方式根据参数 data 来自动指定。如果没有参数传递，则采用"get"方式发送请求；反之则使用"post"方式发送请求。

```
//无 data 参数传递，使用 get 方式发送请求
$('#respText').load('test.html');


//有 data 参数传递，使用 post 方式发送请求
$('#respText').load('test.html',{name: '张三',age: 18});
```

4. 回调函数

对于必须在加载完成后才能继续的操作，load()方法提供了回调函数(callbackfunction)，该函数有 3 个参数，分别代表请求返回的内容、请求状态和 XMLHtpRequest 对象。jQuery代码如下：

```
$('#respText').load('test.html', function(resp,status,xmlhttp){
    // resp：请求返回的内容
    //status：请求状态(success、error、notmodified、timeout)
    //xmlhttp：XMLHTTPRequest 对象
});
```

6.5.2 $.get()方法和$.post()方法

load()方法通常用来从 Web 服务器上获取静态的数据文件，然而这并不能体现 Ajax 的全部价值。在项目中，如果需要传递一些参数给服务器中的页面，那么可以使用$.get()或者$.post()方法(或者是后面要讲解的$.ajax()方法)。

▶注意

　　"$."开头的方法都是 jQuery 中的全局函数；而不以"$."开头的方法都是对 jQuery对象进行操作的。

1. $.get()方法

此方法是使用"get"方式来进行异步请求，它是$.ajax()方法的一种简写形式。语法如下：

```
$.get(url[,data][,success(response,status,xhr)][,dataType])
```

该方法有四个参数：
➤ 第一个参数：必需，规定将请求发送到哪个 URL。
➤ 第二个参数：可选，规定连同请求发送到服务器的数据。
➤ 第三个参数：可选，规定当请求成功时运行的函数(出错时将不会执行回调函数)。

➢ 第四个参数：可选，规定预计的服务器响应的数据类型。默认情况下 jQuery 将智能判断。可选类型包括 xml、html、text、script、json、jsonp。

根据响应的 MIME 类型(dataType 类型)的不同，传递给 success 回调函数的返回数据也有所不同，这些数据可以是 XML root 元素、文本字符串、JavaScript 文件或者 JSON 对象。也可向 success 回调函数传递响应的文本状态。

下面是一个评论页面的 HTML 代码，通过该段代码来介绍$.get()方法的使用：

```html
<form action="#">
    <h3>用户评论：</h3>
    姓名：<input id="username" type="text">
    <br><br>
    内容：<textarea id="content" id="" cols="30" rows="10"></textarea>
    <br><br>
    <button id="btn_send">提交</button>
</form>
<hr>
<h3>评论列表：</h3>
<div id="respText"></div>
```

页面效果如图 6-13 所示。

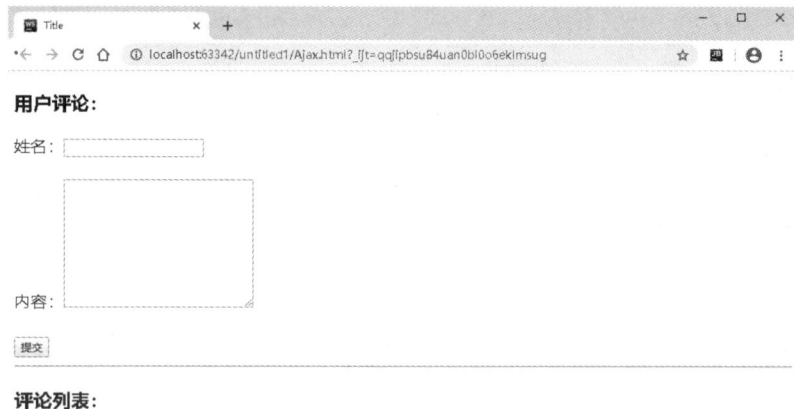

图 6-13　评论页面初始化效果图

可以在姓名和内容中输入对应的信息，点击提交将用户评论提交到后台。

(1) 使用参数。

首先，需要确定请求页面的 URL 地址。代码如下：

```javascript
$('#btn_send').click(function () {
    $.get('get.jsp');
});
```

然后需要确定提交到服务器的用户名和评论内容，可以将这些内容作为参数传递到后台，代码如下：

```
$('#btn_send').click(function () {
    $.get('get.jsp',{
        username: $('#username').val(),
        content: $('#content').val()
    });
});
```

如果服务器端接收到传递的 data 数据并成功返回，那么就可以通过回调函数将返回的数据显示到页面上。代码如下：

```
$('#btn_send').click(function () {
    $.get('get.jsp',{
        username: $('#username').val(),
        content: $('#content').val()
    },function (response,status,xhr) {
        //业务处理
        //response(包含来自请求的结果数据)
        //status(包含请求的状态"success"、"notmodified"、"error"、"timeout"、"parsererror")
        //xhr(XMLHttpRequest 对象)
    });
});
```

(2) 数据格式。

上面提到，服务器返回的数据格式可以有多重，它们都可以完成同样的任务。以下是几种返回格式的对比。

➢ HTML 代码片段

由于服务器端返回的数据格式是 HTML 代码片段，因此不需要处理就可以直接将服务器返回的内容插入到页面中，代码如下：

```
$('#btn_send').click(function () {
    $.get('get.jsp',{
        username: $('#username').val(),
        content: $('#content').val()
    },function (response,status,xhr) {
        $('#respText').html(response);
    });
});
```

➢ XML 文档

由于服务器端返回的数据格式是 XML 文档，因此需要对返回的数据进行处理，前面的章节已经介绍过 jQuery 强大的 DOM 处理能力，处理 XML 文档与处理 HTML 文档一样，也可以使用常规的 attr()、find()、filter()以及其他方法。jQuery 代码如下：

```
$('#btn_send').click(function () {
    $.get('get.jsp',{
        username: $('#username').val(),
        content: $('#content').val()
    },function (response,status,xhr) {
        var username = $(response).find('username').text();
        var content = $(response).find('content').text();
        var shtml = `<div>
                        <h4>${username}</h4>
                        <div>${content}</div>
                        </div>`;
        $('#respText').html(shtml);
    });
});
```

注意：此处使用了 JavaScript ES6 语法：使用模板字符串 "``"，可以省略字符串拼接过程，使代码看起来更美观简便。如果不了解该语法请自行学习。

返回数据格式为 XML 文档的过程实现起来比 HTML 代码片段要稍微复杂些，但 XML 文档的可移植性是其他数据格式无法比拟的，因此以这种格式提供的数据的重用性将极大提高。不过。XML 文档体积相对较大，与其他文件格式相比，解析和操作它们的速度要慢一些。

➢ JSON 文件

JSON 文件和 XML 文档一样，也可以被方便地使用。而且，JSON 文件更加简洁，更容易操作，也更容易阅读。

```
$('#btn_send').click(function () {
    $.get('get.jsp',{
        username: $('#username').val(),
        content: $('#content').val()
    },function (response,status,xhr) {
        var username = response.username;
        var content = response.content;
        var shtml = `<div>
                        <h4>${username}</h4>
                        <div>${content}</div>
                        </div>`;
        $('#respText').html(shtml);
    });
});
```

通过以上三种返回方式都可以达到如图 6-14 所示的效果。

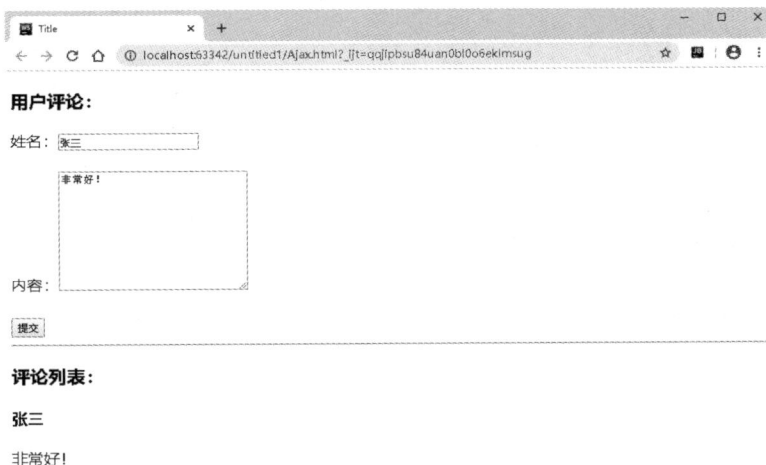

图 6-14　将返回的数据添加到页面上

通过对三种服务器返回的数据格式的优缺点进行分析，可以发现在不需要与其他应用程序共享数据的时候，使用 HTML 代码片段来返回数据是最简单的；如果需要进行数据重用，那么 JSON 文件是不错的选择，它在性能、大小、操作性上都有明显的优势；而当远程应用程序未知时，XML 文档是明智的选择，它是 Web 服务领域的"世界语"。具体选择哪种数据格式，并没有严格的规定，读者可以根据需求来选择最适合的返回格式来进行开发。

2．$.post()方法

此方法是使用"post"方式来进行异步请求，它也是$.ajax()方法的一种简写形式。$.post()方法与$.get()方法的结构和使用方法都相同，区别如下：

➢ get 请求会将参数跟在 URL 后进行传递，而 post 请求则是作为 HTTP 消息的实体内容发送给 Web 服务器。当然，在 Ajax 请求中，这种区别对用户是不可见的。

➢ get 方式对传输的数据有大小限制(通常不能大于 2KB)，而使用 post 方式传递的数据量要比 get 方式大得多(理论上不受限制)。

➢ get 方式请求的数据会被浏览器缓存起来，因此其他人就可以从浏览器的历史记录中读取到这些数据，例如账号和密码等。在某种情况下，get 方式会带来严重的安全性问题，而 post 方式相对来说就可以避免这些问题。

6.5.3　$.getScript()方法和$.getJSON()方法

1．$.getScript()方法

此方法的作用是通过 Ajax 请求来获得并运行一个 JavaScript 文件，语法如下：

```
$.getScript(url[,success(response,status)])
```

有时候，在页面初次加载时就加载全部的 JavaScript 文件是完全没有必要的。虽然可以在需要哪个 JavaScript 文件时，动态地创建<script>标签，比如下面的 jQuery 代码：

```
$(document.createElement('script')).attr('src','js/test.js').appendTo('head');
```

但这种方式并不理想。为此，jQuery 提供了$.getScript()方法来直接加载 js 文件，与加载一个 HTML 片段一样简单方便，并且不需要对 JavaScript 文件进行处理，JavaScript 文件会

自动执行，如下面的代码：

```
$.getScript('js/test.js');
```

与其他 Ajax 方法一样，$.getScript()方法也有回调函数，它会在 JavaScript 文件成功载入后运行。例如在加载 JavaScript 文件成功后弹出提示框，代码如下：

```
$.getScript('js/test.js',function () {
    alert('加载 JavaScript 文件成功');
});
```

2. $.getJSON()方法

此方法用于加载 JSON 文件，与$.getScript()方法的用法相同。语法如下：

```
$.getJSON(url[,data][,success(data,status,xhr)])
```

比如有如下代码：

```
$(document).ready(function () {
    $('#btn').click(function () {
        $.getJSON('test.json');
    });
})
```

当点击按钮后，页面上看不到任何效果。原因是虽然函数加载了 JSON 文件，但是并没有告诉 JavaScript 对返回的数据应该要如何处理。因此，在使用$.getJSON()方法的时候，一般都要使用回调函数处理返回的数据，代码如下：

```
$(document).ready(function () {
    $('#btn').click(function () {
        $.getJSON('test.json',function () {
            //数据处理代码
        });
    });
})
```

可以在函数中通过 data 变量来遍历相应的数据，也可以使用迭代方式为每个项构建相应的 HTML 代码。jQuery 提供了一个通用的遍历方法$.each()，可以用于遍历对象和数组。

$.each()方法不同于 jQuery 对象的 each()方法，它是一个全局函数，不操作 jQuery 对象，而是以一个数组或者对象作为第 1 个参数，以一个回调函数作为第 2 个参数。回调函数拥有两个参数：第 1 个为对象的成员或数组的索引，第 2 个为对应变量或内容。比如之前的评论列表页面，获取到 JSON 文件后将文件中所有的信息显示在页面上，代码如下：

```
$(document).ready(function () {
    $('#btn').click(function () {
        $.getJSON('test.json',function (resp) {
            var shtml;
            $.each(resp,function (i,item) {
                shtml += `<div id="cmt${i}">
```

```
                    <h4>${item['username']}</h4>
                    <div>${item['content']}</div>
                </div>`;
            });
            $('#respText').empty().html(shtml);
        });
    });
})
```

在上面的代码中，当返回数据成功后，首先通过$.each()方法遍历返回的数据，并将遍历出来的内容构建成 HTML 代码拼接起来，然后通过链式操作先清空 id 为"respText"的元素的内容，再将构建好的 HTML 内容添加进去。

6.5.4　$.ajax()方法

该方法是 jQuery 最底层的 Ajax 实现。简单易用的高层实现见$.get()、$.post()等方法。$.ajax()返回其创建的 XMLHttpRequest 对象。大多数情况下无需直接操作该函数，除非需要操作不常用的选项，以获得更多的灵活性。语法如下：

```
$.ajax([{settings}])
```

最简单的情况下，$.ajax()方法可以不带任何参数直接使用。该方法只有一个参数，它是一个对象，在这个对象里包含了所有需要的请求设置以及回调函数等信息，参数以键值对(key:value)形式存在，所有参数都是可选的。常用参数如表 6-1 所示。

表 6-1　$.ajax()方法的参数

名　称	说　明
async	布尔值，表示请求是否异步处理。默认是 true
beforeSend(xhr)	发送请求前运行的函数
cache	布尔值，表示浏览器是否缓存被请求页面。默认是 true
complete(xhr,status)	请求完成时运行的函数(在请求成功或失败之后均调用，即在 success 和 error 函数之后)
contentType	发送数据到服务器时所使用的内容类型。默认是"application/ x-www-form-urlencoded"
context	为所有 Ajax 相关的回调函数规定"this"值
data	规定要发送到服务器的数据
dataFilter(data,type)	用于处理 XMLHttpRequest 原始响应数据的函数
dataType	预期的服务器响应的数据类型
error(xhr,status,error)	如果请求失败要运行的函数
global	布尔值，规定是否为请求触发全局 Ajax 事件处理程序。默认是 true
ifModified	布尔值，规定是否仅在最后一次请求以后响应发生改变时才请求成功。默认是 false
jsonp	在一个 JSONP 中重写回调函数的字符串

名　称	说　明
jsonpCallback	在一个 JSONP 中规定回调函数的名称
password	规定在 HTTP 访问认证请求中使用的密码
processData	布尔值，规定通过请求发送的数据是否转换为查询字符串。默认是 true
scriptCharset	规定请求的字符集
success(result,status,xhr)	当请求成功时运行的函数
timeout	设置本地的请求超时时间(以毫秒计)
traditional	布尔值，规定是否使用参数序列化的传统样式
type	规定请求的类型(GET 或 POST)
url	规定发送请求的 URL。默认是当前页面
username	规定在 HTTP 访问认证请求中使用的用户名
xhr	用于创建 XMLHttpRequest 对象的函数

如果需要使用$.ajax()方法来进行 Ajax 开发，那么上面这些常用的参数都必须了解。由于此方法在日常的页面开发中很少用到，此处不做详细讨论，有兴趣的读者可以自行了解。

前面用到的 load()、$.get()、$.post()、$.getScript()和$.getJSON()这些方法，都是基于$.ajax()方法构建的。$.ajax()方法是 jQuery 最底层的 Ajax 实现，因此可以用它来代替前面的所有方法。

比如，使用$.ajax()方法替代$.get()方法，代码如下：

```
$.ajax({
    url: url,
    data: data,
    success: success,
    dataType: dataType
});
```

6.6　序列化元素

1. serialize()方法

在做项目的过程中，表单是必不可少的，经常用来获取用户输入的数据，例如注册、登录等。常规的方法是使表单提交到另一个页面，整个浏览器都会被刷新，而使用 Ajax 技术则能够异步地提交表单，并将服务器返回的数据显示在当前页面中。

在前面的示例中，我们获取表单都是通过元素一个一个获取，这种方式在只有少量字段的表单中还是很方便的，但如果表单元素很多，使用这种方式就显得很麻烦了，不但会增加大量的代码量，也使得表单缺乏弹性。

jQuery 为表单内容获取提供了一个简化方法：serialize()方法。此方法通过序列化表单值创建 URL 编码文本字符串，序列化的值可在生成 Ajax 请求时用于 URL 查询字符串中。语法如下：

```
$(selector).serialize()
```

该方法会自动获取表单中的用户输入元素，将元素的 name 和 value 匹配成值对，每个元素的值对会用与符号"&"连接。比如下面的 HTML 代码：

```
<form id="login_form" action="#">
    用户名：<input name="username" type="text">
    密码：<input name="password" type="password">
    <input id="btn_send" type="button" value="提交">
</form>
<hr>
<h3>serialize()方法序列后的数据：</h3>
<div id="respText"></div>
```

在页面中输入用户名和密码后，让 serialize()方法序列化后的内容显示在下方的 div 元素中，代码如下：

```
$(document).ready(function () {
    $('#btn_send').click(function () {
        $('#respText').html($('#login_form').serialize());
    })
});
```

此处需要注意，如果 HTML 按钮元素使用"<button>提交</button>"，则表单会提交从而刷新页面，因此无法显示序列化的内容，需要在 jQuery 代码中使用"return false"取消提交操作才能看到正确的页面效果。当输入 admin 和 123 后，点击提交，可以看到序列化后的字符串，如图 6-15 所示。

图 6-15　序列化后的字符串

如果想要添加字段，直接添加用户输入即可，不需要再修改 jQuery 代码，如将 HTML 代码修改如下：

```
<form id="login_form" action="#">
    用户名：<input name="username" type="text">
    密码：<input name="password" type="password">
    验证码：<input name="proving" type="text">
    <input id="btn_send" type="button" value="提交">
</form>
```

运行后，在页面中输入 jack，456，ABCD 后，显示如图 6-16 所示。

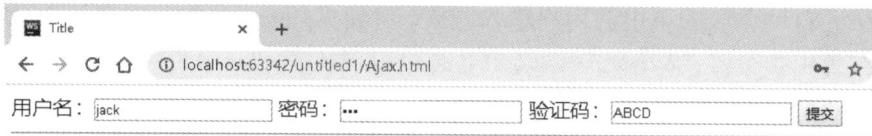

serialize()方法序列后的数据：

username=jack&password=456&proving=ABCD

图 6-16　序列化后的字符串

在 jQuery 提供的 Ajax 方法中，可以直接使用序列化的字符串作为参数，如将上面示例中的用户名和密码使用 post 方法提交到服务器，可以使用如下 jQuery 代码：

```
$(document).ready(function () {
    $('#btn_send').click(function () {
        $.post('server.jsp',$('#login_form').serialize(),function () {
            //结果处理代码
        });
    });
});
```

在原生 JavaScript 中，通常会使用字符串拼接的方式将参数拼接到 URL 后面，这个时候需要注意对字符的编码(中文问题)，如果不希望处理编码问题，可以使用 serialize()方法，因为它会自动对数据进行编码。

因为 seralize()方法是作用于 jQuery 对象的，所以不光只有表单能使用它，其他选择器选取的元素也能使用它，如以下 jQuery 代码：

```
$(':checkbox,:radio').serialize();
```

会把复选框和单选框的值序列化为字符串形式，只会将选中的值序列化。

2. serializeArray()方法

此方法与 serialize()方法类似，只是它不是返回字符串，而是将 DOM 元素序列化好，返回 JSON 格式的数据。如将上面的显示序列化后的值的代码稍作修改：

```
<!DOCTYPE html>
<html lang="zh-CN">
<head>
    <meta charset="UTF-8">
    <title>Title</title>
    <script src="js/jquery-1.12.4.js"></script>
    <script>
        $(document).ready(function () {
            $('#btn_send').click(function () {
                console.log($('#login_form').serializeArray());;
```

```
                })
            });
        </script>
    </head>
    <body>
    <form id="login_form" action="#">
        用户名：<input name="username" type="text"><br/>
        密码：<input name="password" type="password"><br/>
        验证码：<input name="proving" type="text"><br/>
        <input id="btn_send" type="button" value="提交">
    </form>
    </body>
</html>
```

在页面中输入 rose，789，XYZ，点击提交后，页面显示如图 6-17 所示。

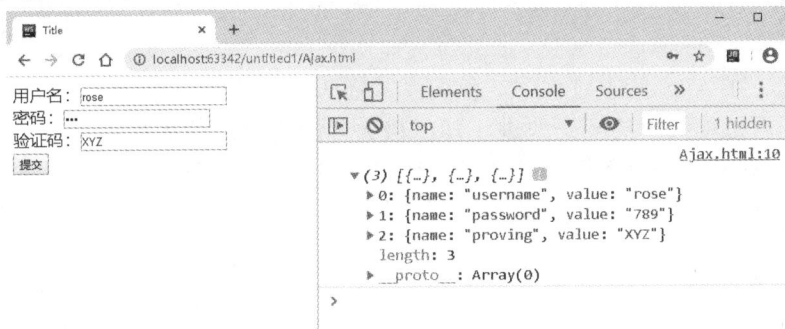

图 6-17　序列化后的 JSON 对象

　　既然是一个对象，那么操作起来当然比序列字符串方便，在一些页面验证的代码中 serializeArray()方法经常会被使用。

3. $.param()方法

　　此方法的作用是序列化一个键值对(key/value)对象，比如下面的代码：

```
    var params = { width:1900, height:1200 };
    var str = jQuery.param(params);
    $("#results").text(str);//输出的结果是：width=1680&height=1050
```

　　此方法创建数组或对象的序列化表示。该序列化值可在进行 Ajax 请求时在 URL 查询字符串中使用。

6.7　jQuery 中的 Ajax 全局事件

　　jQuery 简化 Ajax 操作不仅体现在调用 Ajax 方法和处理响应方面，而且还体现在对调用 Ajax 方法的过程中的 HTTP 请求的控制。通过 jQuery 提供的一些自定义全局函数，能够为各种与 Ajax 相关的事件注册回调函数。例如当 Ajax 请求开始时，会触发 ajaxStart()

方法的回调函数；当 Ajax 请求结束时，会触发 ajaxStop()方法的回调函数。这些方法都是全局的方法，因此无论创建它们的代码位于何处，只要有 Ajax 请求发生，就会触发它们。

比如当我们的 Web 应用需要远程加载别的网站提供的图片时，速度无法控制，当加载速度较慢时，如果不给用户提供一些提示和反馈信息，容易使用户认为操作无效或者网页卡顿，降低用户体验。此时就需要为网页添加一些提示信息，类似"加载中..."等。这个提示信息应该在 Ajax 请求开始时显示，Ajax 加载完毕后隐藏。

HTML 代码如下：

```html
<div id="loading" style="display: none">加载中...</div>
```

jQuery 代码如下：

```javascript
$('#loading').ajaxStart(function () {
    $(this).show();
});
$('#loading').ajaxStop(function () {
    $(this).hide();
});
```

这样一来，在 Ajax 请求过程中，只要图片还未加载完毕，就会一直显示"加载中..."的提示信息，看似很简单的一个改进，却将极大地改善用户的体验。

jQuery 的 Ajax 全局事件还有几个，也可以在使用 Ajax 方法的过程中带来方便。现将 jQuery Ajax 的全局事件总结于表 6-2。

表 6-2　$.ajax()方法的参数

名　　称	说　　明
ajaxStart(callback)	Ajax 请求开始前执行的函数
ajaxStop(callback)	Ajax 请求停止时执行的函数
ajaxComplete(callback)	Ajax 请求完成时执行的函数
ajaxError(callback)	Ajax 请求发生错误时执行的函数,捕捉到的错误信息可以作为最后一个参数传递
ajaxSend(callback)	Ajax 请求发送前执行的函数
ajaxSuccess(callback)	Ajax 请求成功时执行的函数

任务实施

1. 创建服务器应用及添加后台文件

(1) 找到 Tomcat 安装目录,进入"webapps"文件夹,新建一个文件夹,命名为"myweb"。

(2) 进入"myweb"文件夹，新建一个记事本文件，将文件名改为"server.jsp"(注意 jsp 是文件后缀名)。

(3) 打开"server.jsp"文件，将任务说明处提供的 JSP 代码输入文件，并将文件保存为"UTF-8"编码格式，如图 6-18 所示。

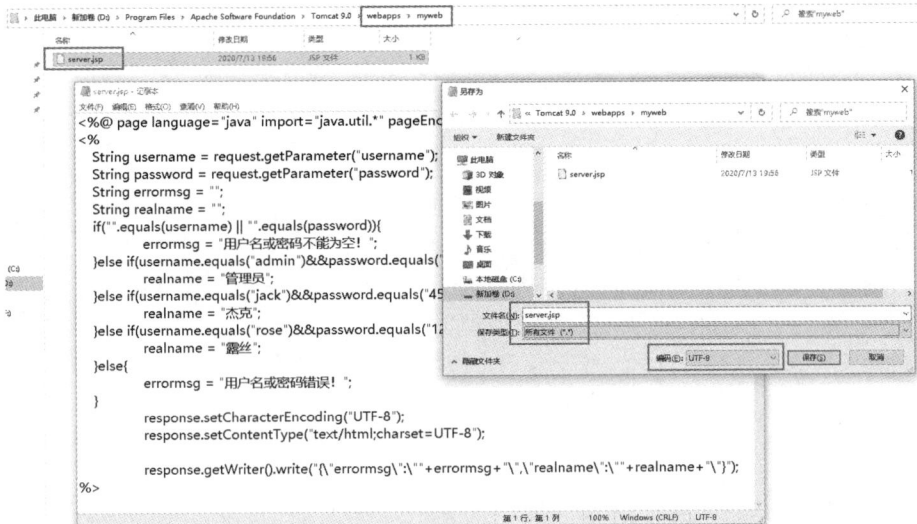

图 6-18　创建后台处理文件

2. 添加并修改 html 文件

(1) 将单元 4 的任务 4 制作的页面文件改名为"index.html"，粘贴到"myweb"文件夹中，同时将"js"、"imgs"文件夹粘贴到目录。

(2) 对页面做如下修改：

➤ 在密码输入框下添加一个 span，用于显示错误信息。

➤ 在"登录/注册"按钮旁边添加一个新的隐藏的 div，用于显示登录的用户名。

➤ 由于提供的用户名密码长度最小值是 3，而之前的代码设置的是必须用户名和密码输入长度大于 4 才能点击登录按钮，所以需要改变输入长度：当用户名和密码输入长度大于等于 3 时设置登录按钮可用。

➤ 当关闭登录窗口时，不但要清空输入框中的内容，而且要清空错误提示信息的内容，同时要隐藏错误提示信息。

修改后页面的完整代码如下(修改的代码加粗)：

```html
<!DOCTYPE html>
<html lang="zh-CN">
<head>
    <meta charset="UTF-8">
    <title>Title</title>
    <style>
        * {
            margin: 0;
            padding: 0;
            box-sizing: border-box;
        }
        .page_header {
```

```css
            min-width: 1000px;
            height: 40px;
            background-color: rgba(0, 0, 0, 0.2);
        }
        .page_header .header_content {
            width: 1000px;
            height: 40px;
            margin: auto;
        }
        .header_content .user_bar {
            width: 200px;
            height: 40px;
            float: right;
        }
        .header_content .user_bar a {
            font-size: 14px;
            line-height: 40px;
            text-decoration: none;
            color: black;
        }
        .header_content .user_bar #user_msg{
            font-size: 14px;
            line-height: 40px;
            display: none;
        }
        #login_form {
            position: fixed;
            display: none;
            width: 100%;
            height: 100%;
            background-color: rgba(0, 0, 0, 0.4);
        }
        #login_form #btn_cancel {
            display: block;
            width: 20px;
            height: 20px;
            position: absolute;
            right: 15px;
            top: 15px;
```

```css
            background: url("imgs/cancelcoin.png") no-repeat center;
            background-size: cover;
}
#login_form .login_content {
        width: 500px;
        height: 400px;
        background-color: white;
        position: absolute;
        left: 50%;
        top: 40%;
        transform: translate(-50%, -50%);
}
#login_form .login_content form {
        width: 220px;
        margin: 40px auto;
        text-align: center;
}
#login_form .login_content h3 {
        padding-left: 30px;
        margin: 40px 0 10px;
}
#login_form .login_content input {
        width: 220px;
        height: 30px;
        display: block;
        margin: 20px auto;
}
#login_form .login_content #msg{
        color: red;
        font-size: 14px;
        float: left;
        display: none;
}
#login_form .login_content a {
        color: black;
        font-size: 14px;
}
#login_form .login_content .tit {
        text-align: right;
```

```
            }
        </style>
        <script src="js/jquery-1.12.4.js"></script>
        <script>
            $(document).ready(function () {
                $('#btn_login').click(function (event) {
                    $("#login_form").show();
                    event.preventDefault();
                });
                $('#btn_cancel').click(function () {
                    $("#login_form").hide();
                    $('#username,#password').val("");
                    $('input[type="submit"]').attr('disabled', 'disabled');
                    $('#msg').empty().hide();
                });
                $('#username,#password').bind('input', function () {
                    if ($('#username').val().length >= 3&& $('#password').val().length >= 3) {
                        $('input[type="submit"]').removeAttr('disabled');
                    } else {
                        $('input[type="submit"]').attr('disabled', 'disabled');
                    }
                })
            });
        </script>
    </head>
    <body>
    <div id="login_form">
        <div class="login_content">
            <i id="btn_cancel">
            </i>
            <h3>用户登录</h3>
            <hr>
            <form action="#">
                <input id="username" name="username" type="text" placeholder="用户名">
                <input id="password" name="password" type="password" placeholder="密码">
                <div class="tit">
                    <span id="msg"></span>
                    <a id="btn_getbackpwd" href="#">忘记密码</a>
                </div>
```

```
                <input id="btn_submit" type="submit" disabled>
                <a id="btn_register" href="#">用户注册</a>
            </form>
        </div>
    </div>
    <div class="page_header">
        <div class="header_content">
            <div class="user_bar">
                <a id="btn_login" href="#">登录/注册</a>
                <span id="user_msg">，欢迎登录</span>
            </div>
        </div>
    </div>
</body>
</html>
```

(3) 使用 Ajax 技术完成登录功能。

为登录按钮添加如下功能：

➤ 当点击按钮时，清空错误信息并将用户名和密码提交到服务器。

➤ 根据服务器返回的数据进行判断：如果登录失败，显示错误信息；如果登录成功，关闭登录窗口并切换显示欢迎信息。

jQuery 代码如下：

```
$('#btn_submit').click(function (event) {
    event.preventDefault();
    $('#msg').empty().hide();
    $.post('server.jsp',$('form').serialize(),function (resp) {
        var jResult = JSON.parse(resp);
        if(jResult.errormsg != ""){
            $('#msg').html(jResult.errormsg).show();
        }else{
            $('#btn_login').hide();
            $('#user_msg').prepend(jResult.realname).show();
            $('#btn_cancel').click();
        }
    });
});
```

3. 运行程序检查代码效果

打开浏览器，在浏览器中输入如下 URL 地址：

"http://localhost:8080/myweb/index.html"

页面运行效果如图 6-19～图 6-21 所示。

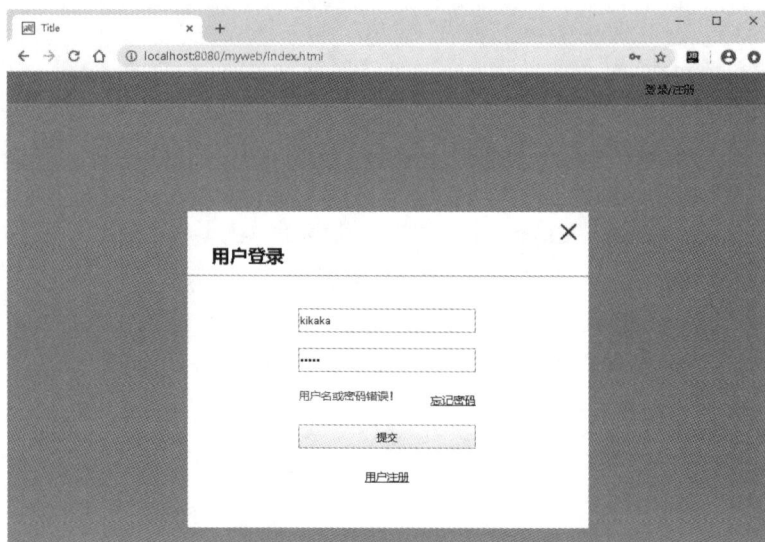

图 6-19　输入错误的用户名密码

图 6-20　使用 admin 登录后

图 6-21　使用 jack 登录后

单 元 总 结

为了完成本单元的任务，我们对 jQueryAjax API 进行了详细的介绍。首先对 Ajax 技术进行了简介，并且分析了 Ajax 技术的优势与不足；接下来介绍了一个轻量级服务器——Tomcat；然后系统地讲解了 jQuery 中的 Ajax 方法、jQuery 的 Ajax 全局事件。

第二部分

DI ER BU FEN

jQuery UI指南

单元 7

jQuery UI 基础

学习目标

知识目标

➢ 了解 jQuery UI 是什么。

➢ 了解 jQuery UI 的优势和不足。

➢ 了解 jQuery UI 库文件的作用。

技能目标

➢ 能够按需下载自定义 jQuery UI 库。

➢ 能够创建项目并引用 jQuery UI。

相关知识

jQuery UI 是 jQuery 的一个插件集，为 jQuery 的核心库添加了新的功能。本单元我们将安装 jQuery UI 库，并简略地看一下它的内容。单元 8 和单元 9 中会详细介绍 jQuery UI 的每一个插件的功能。

7.1   jQuery UI 简介

jQuery UI 实际上是 jQuery 插件，专指由 jQuery 官方维护的 UI 方向的插件。它是附属于 jQuery 的一个用户界面库，包含了小组件(Widget)、特效、动画和交互功能。

jQuery UI 库中的小组件都是可主题化的，"ThemeRoller"是一个 Web App，为 jQuery UI 设计和下载自定义主题提供了直观的界面，它可以简化创建主题的过程，使 jQuery UI 具有高级外观的效果。jQuery UI 框架还包含了一个非常完备的 CSS 类的集合，这些 CSS 类对于创建应用程序的主题非常有用。尽管其他插件也可能具有很多与之类似的功能，但

jQuery UI 具有统一的基础代码库和 API、可靠的总体质量、灵活的 UI 元素，这一切使得 jQuery UI 成为构建 Web 应用程序不可或缺的宝库。

　　jQuery UI 还包含了许多维持状态的小部件，因此，它与典型的 jQuery 插件使用模式略有不同。所有的 jQuery UI 小部件使用相同的模式，所以从理论上说，只要学会使用其中一个，就知道如何使用其他的小部件。

7.1.1　jQuery UI 的优势

　　jQuery UI 能够被大众所认可，是因为它具有许多的优势：

➤ 简单易用：继承了 jQuery 简易使用的特性，提供高度抽象的接口，可短期改善网站易用性。

➤ 开源免费：采用 MIT 和 GPL 双协议授权，可轻松满足自由产品至企业产品的各种授权需求。

➤ 广泛兼容：兼容各主流桌面浏览器，包括 IE 6+、Firefox 2+、Safari 3+、Opera 9+、Chrome 1+等低版本浏览器。

➤ 轻便快捷：组件间相对独立，可按需加载，避免浪费带宽拖慢网页打开速度。

➤ 标准先进：支持 WAI-ARIA，通过标准 XHTML 代码提供渐进增强，保证低端环境可访问性。

➤ 美观多变：提供近 20 种预设主题，并可自定义多达 60 项可配置样式规则，提供 24 种背景纹理选择。

➤ 开放公开：从结构规划到代码编写全程开放，文档、代码、讨论，人人均可参与。

➤ 强力支持：Google 为发布代码提供 CDN 内容分发网络支持。

➤ 完整汉化：开发包内置包含中文在内的 40 多种语言包。

7.1.2　jQuery UI 的不足

　　jQuery UI 的优点很多，但也存在以下不足：

➤ 代码不够健壮：缺乏全面的测试用例，部分组件 Bug 较多，不能达到企业级产品开发要求。

➤ 构架规划不足：组件间 API 缺乏协调，缺乏与之配合的使用帮助。

➤ 控件较少：相对于 Dojo、YUI、Ext JS 等成熟产品，可用控件较少，无法满足复杂界面的功能要求。

➤ 版本间差异较大：相邻两个版本可能使用方法相差较大。

7.2　下载 jQuery UI

　　jQuery UI 库可以从 jQuery UI 官网下载。

　　打开 jQuery UI 官网(https://jqueryui.com/)，点击首页右侧"Stable"按钮下载最新稳定版的 jQuery UI 库，目前最新稳定版本为 v1.12.1，如图 7-1 所示。

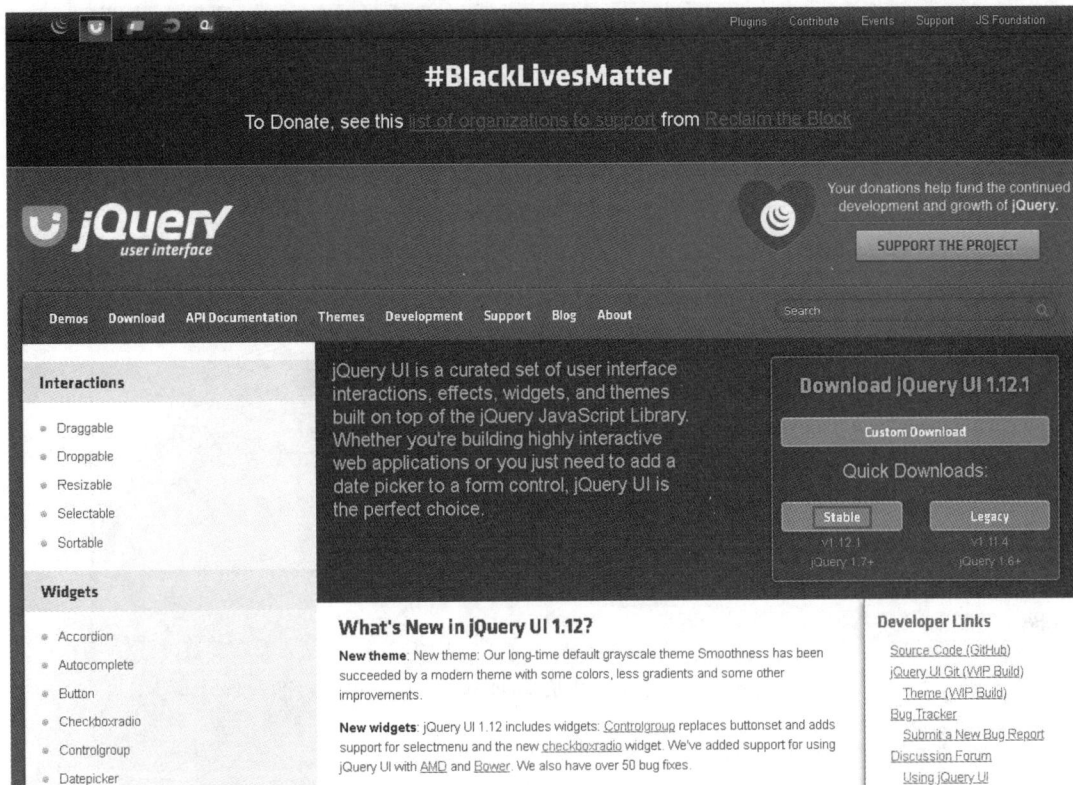

图 7-1   jQuery UI 官网首页

每个 jQuery UI 版本都有对应的 jQuery 版本，需要注意自己项目的 jQuery 版本是否达到最低要求。本书使用的 jQuery 版本是 v1.12.4，支持最新的 jQuery UI 版本。

7.2.1   创建自定义 jQuery UI 下载

在 jQuery UI 官网首页中直接下载的 jQuery UI 是基础版，里面只包含了一些常用的 jQuery UI 组件。我们可以自主选择需要下载的组件，获取一个自定义的库版本。

点击官网首页的"Custom Download"按钮，或者在浏览器地址栏中直接输入 URL："https://jqueryui.com/download"，进入 jQuery UI 的下载生成器(Download Builder)页面，如图 7-2 所示。

在该页面中，我们可以选择 jQuery UI 的版本，一般选择最新版本。下面列出了 jQuery UI 所有组件分类：核心(UI Core)、交互部件(Interactions)、小部件(Widgets)和效果库(Effects)。jQuery UI 中的一些组件依赖于其他组件，当选中这些组件时，它所依赖的其他组件也会被自动选中，所以不用担心组件依赖项没有选择的问题。所有选择的组件将会合并到一个 jQuery UI JavaScript 文件中。再往下可以为 jQuery UI 选择一个预设主题，最后点击下方的"Download"按钮即可下载。

几乎没有任何项目会使用到 jQueryUI 的所有小组件和工具，因此最好只下载必要的组件，以减小下载文件的大小。对于浏览和学习而言，可以下载完整的 jQuery UI 库。

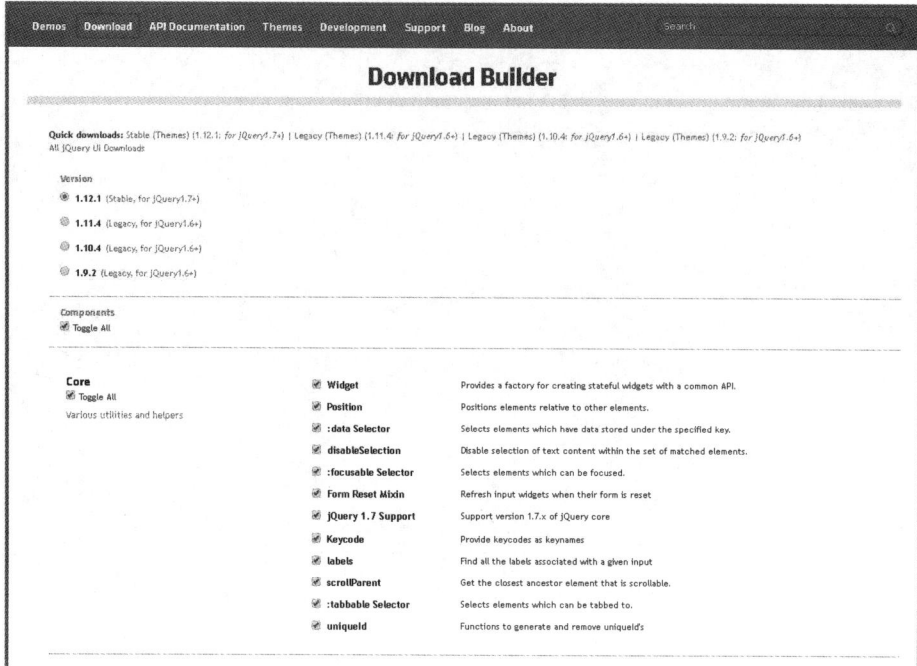

图 7-2　jQuery UI 下载生成器(Download Builder)页面

7.2.2　创建自定义主题下载

如果想要编辑自己的主题，可以点击官网首页的"Themes"按钮，或者在浏览器地址栏中直接输入 URL："https://jqueryui.com/themeroller/"，进入主题编辑器(ThemeRoller)页面，如图 7-3 所示。

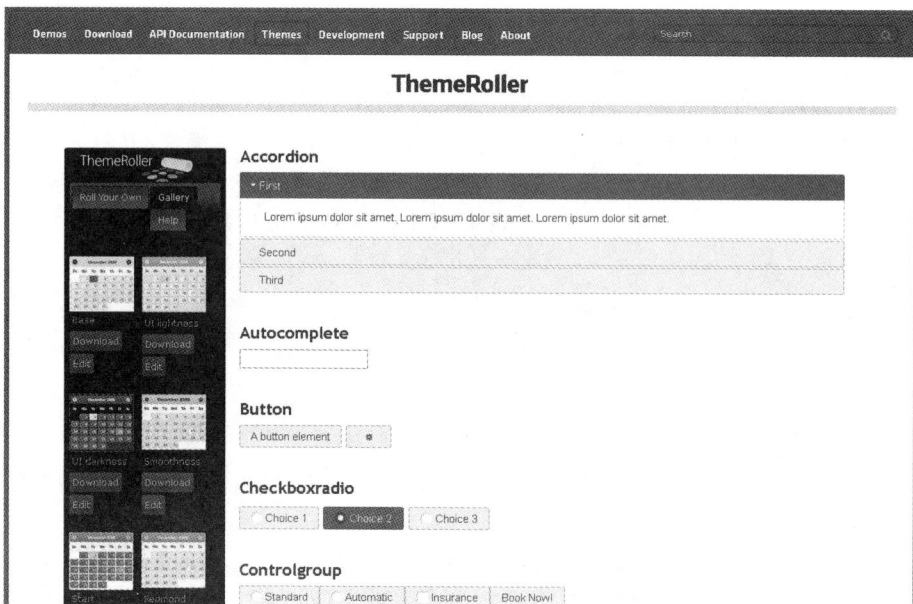

图 7-3　主题编辑器(ThemeRoller)页面

ThemeRoller 是一个 Web 应用程序，jQuery UI 能够从中设计和下载自定义主题。

1．ThemeRoller　界面

ThemeRoller 界面分为左右两部分，左边部分上有各种不同的面板，各面板分别是全局字体和圆角半径设置、小部件容器样式、可点击元素的互动状态，及覆盖和阴影的各种样式。这些面板允许配置各种 CSS 属性，比如字体的尺寸、颜色、粗细，背景颜色和纹理，边框颜色，文本颜色，图标颜色，圆角半径，等等。右边部分是用户操作面板，可以点击上方的按钮切换面板中的内容。按钮分别是"Roll Your Own"(自定义面板)、"Gallery"(主题馆)、"Help"(帮助手册)。

2．主题馆(Gallery)

主题馆包含一些预先设计的主题可供选择，可以直接点击主题下方的"Download"按钮下载主题，也可以点击主题下方的"Edit"按钮，将主题信息加载到 Roll You Own 面板方便用户在该预设主题中进行自定义修改。界面如图 7-4 所示。

3．自定义面板(Roll Your Own)

自定义面板包含了主题中所有可以被设置的内容，对主题进行修改后，点击上方的"Download"按钮即可下载修改后的主题。界面如图 7-4 所示。

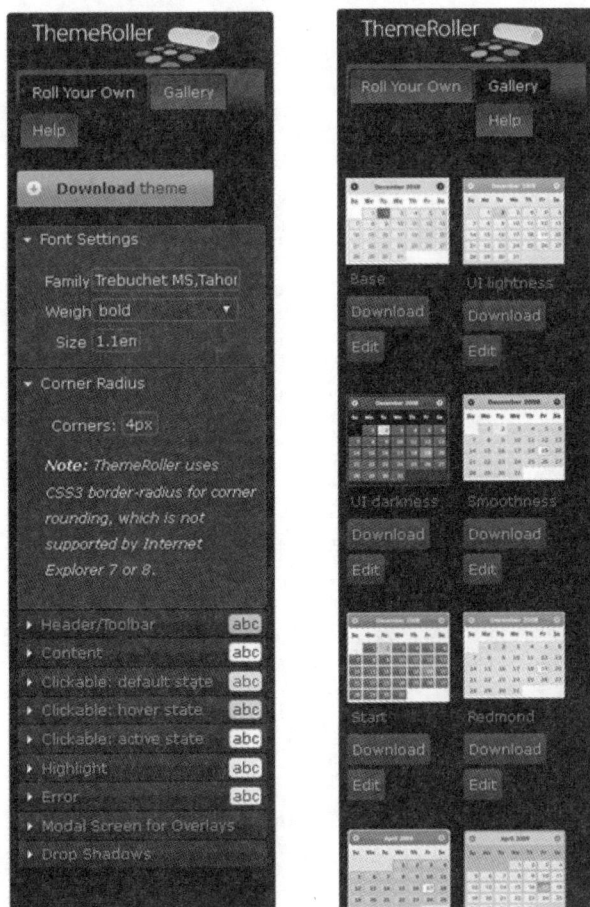

图 7-4　Roll Your Own 和 Gallery 界面

7.3　jQuery UI 项目文件

下载的 jQuery UI 是一个压缩包(.zip)文件,它包含了 jQuery UI 的源代码、示例及文档(英文)。把它解压缩将得到一个"jquery-ui-1.12.1"的目录(如图 7-5 所示),该目录中包含了以下内容:

➤ external 文件夹:里面放置的是 jQuery UI 依赖的 jQuery 库。加载的最新版本是 v1.12.4,与本书使用的是同一个版本。

➤ images 文件夹:包含了该主题依赖的一些图片文件。

➤ 两个记事本(.txt)文件:包含了 jQuery UI 项目的一些说明和许可。

➤ 若干样式表(.css)文件:包含了一个默认的 jQuery UI 主题样式。

➤ 两个 JavaScript(.js)文件:包含了 jQuery UI 库的完整副本。

➤ "index.html"文件:包含了 jQuery UI 中的小组件和 CSS 类的概览文件。

➤ "package.json"文件:包含了该项目的一些配置内容。

名称	修改日期	类型	大小
external	2020/7/14 12:37	文件夹	
images	2020/7/14 12:37	文件夹	
AUTHORS.txt	2016/9/14 17:34	文本文档	13 KB
index.html	2020/7/14 13:00	搜狗高速浏览器 H...	32 KB
jquery-ui.css	2016/9/14 17:34	层叠样式表文档	37 KB
jquery-ui.js	2016/9/14 17:34	JavaScript 文件	509 KB
jquery-ui.min.css	2016/9/14 17:34	层叠样式表文档	32 KB
jquery-ui.min.js	2016/9/14 17:34	JavaScript 文件	248 KB
jquery-ui.structure.css	2016/9/14 17:34	层叠样式表文档	19 KB
jquery-ui.structure.min.css	2016/9/14 17:34	层叠样式表文档	16 KB
jquery-ui.theme.css	2016/9/14 17:34	层叠样式表文档	19 KB
jquery-ui.theme.min.css	2016/9/14 17:34	层叠样式表文档	14 KB
LICENSE.txt	2016/9/14 17:34	文本文档	2 KB
package.json	2016/9/14 17:34	JSON File	2 KB

图 7-5　jQuery UI 目录结构

可以发现,项目中同名的 JavaScript(.js)文件和样式表(.css)文件都有两个。以 JavaScript 文件为例,后缀名包含".js"和".min.js"两种。其中:后缀名为".js"的文件保留了代码中的换行、空格、注释等信息,用于开发调试,文件体积较大;后缀名为".min.js"的文件去掉了代码中所有的格式,用于发布,体积较小。样式表文件同理。

7.4　jQuery UI 预览

用浏览器打开 jQuery UI 默认项目中的"index.html"文件,可以看到一个演示页面,演示我们在下载生成器中选择的小部件和主题。此处我们使用的是首页默认配置,界面如图 7-6 所示。

Welcome to jQuery UI!

This page demonstrates the widgets and theme you selected in Download Builder. Please make sure you are using them with a compatible jQuery version.

YOUR COMPONENTS:

Accordion

▼ First

Lorem ipsum dolor sit amet. Lorem ipsum dolor sit amet. Lorem ipsum dolor sit amet.

▸ Second

▸ Third

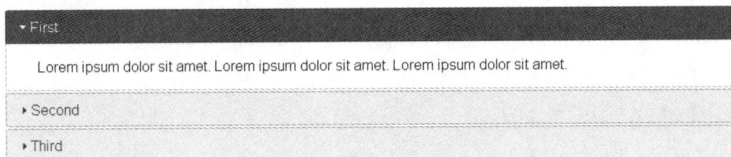

Autocomplete

Button

A button element ⚙

Checkboxradio

Choice 1　● Choice 2　Choice 3

图 7-6　jQuery UI 项目首页

在这个文件中，我们可以看到 jQuery UI 添加的不同功能，包括：

➢ 折叠菜单(accordion menu)。

➢ 输入框的自动补全机制(autocompletion mechanism)。

➢ 漂亮的按钮(button)和复选框(checkbox)。

➢ 便于页面展示的选项卡机制(tab mechanism)。

➢ 显示在页面最上层的对话框(dialog box)。

➢ 自定义图标(custom icon)。

➢ 滑块(slider)。

➢ 日历(datepicker)。

➢ 进度条(progress bar)。

我们将会在本书的后面单元中讨论这些功能。我们还会讨论其他的机制，比如拖放、新的视觉特效、CSS 主题文件等。

7.5　在 HTML 页面中应该引入的文件

由于后面的单元只讲解 jQuery UI 的应用，并不涉及对 jQuery UI 源码的分析，因此，我们可以直接使用 ".min.js" 和 ".min.css" 文件。在接下来的讲解中，我们默认将如下文件添加进项目：images 文件夹、jquery-ui.min.js 文件、jquery-ui.min.css 文件。另外，还需要 jQuery 库文件，我们可以直接使用之前的 jQuery 库文件，也可以使用 jQuery UI 项目中提供的 jQuery 库文件。

7.5.1　创建项目

新建一个项目，取名为"jQueryUI"，在项目中添加一个 js 文件夹，将 jQuery 库文件放入，再找到"jquery-ui.min.js"、"jquery-ui.min.css"文件直接粘贴进项目中；将 images 文件夹也直接粘贴到项目中；最后新建一个 index.html 文件，用于编写代码。目录结构如图 7-7 所示。

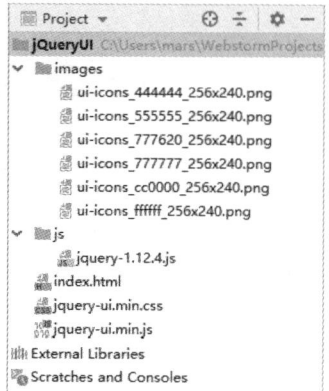

▶注意

由于 CSS 文件中有对图片文件的引用，如果此处修改 CSS 文件和图片文件的目录结构，需要找到 CSS 文件相关的位置进行修改，因此最简单的做法就是保持 jQuery UI 默认的目录结构不做改变。

图 7-7　目录结构

7.5.2　编写代码

打开 index.html 文件，首先添加 css 和 js 的引用，代码如下：

```html
<head>
    <meta charset="UTF-8">
    <title>Title</title>
    <link rel="stylesheet" href="jquery-ui.min.css">
    <script src="js/jquery-1.12.4.js"></script>
    <script src="jquery-ui.min.js"></script>
</head>
```

▶注意

因为 jQuery UI 要依赖 jQuery，而页面的解析是从上往下，所以 jQuery 的引用一定要在 jQuery UI 引用之前，否则 JavaScript 会报错。

然后在页面中放入一个超链接(a 元素)：

```html
<body>
    <a id="mybtn" href="#">超链接</a>
</body>
```

最后添加 jQuery 代码：

```html
<script>
    $(document).ready(function () {
```

```
        $('#mybtn).button();
    });
</script>
```

运行代码可以看到页面效果，如图 7-8 所示。

初始化　　　　　　　　　鼠标悬停　　　　　　　　　鼠标按住

图 7-8　超链接(a 元素)显示效果

看到如图 7-8 所示的超链接样式，证明 jQuery UI 加载成功。接下来就可以开始我们的 jQuery UI 之旅了。

单 元 总 结

本单元介绍了什么是 jQuery UI，如何下载 jQuery UI 库，下载的 jQuery UI 库中有哪些文件，它们的作用是什么，我们需要的文件是哪些，并使用 jQuery UI 定义了一个按钮。

单元 8

jQuery UI 常用组件

学习目标

知识目标

➢ 了解部件的基本使用方法。
➢ 了解每种部件可以进行哪些设置。

技能目标

➢ 掌握 jQuery UI 按钮的创建和设置方法。
➢ 掌握 jQuery UI 选项卡的创建和设置方法。
➢ 掌握 jQuery UI 手风琴菜单的创建和设置方法。
➢ 掌握 jQuery UI 对话框的创建和设置方法。
➢ 掌握 jQuery UI 日历的创建和设置方法。
➢ 掌握 jQuery UI 输入框自动补全功能的使用方法。
➢ 掌握 jQuery UI 进度条的创建和设置方法。
➢ 掌握 jQuery UI 划块的创建和设置方法。
➢ 掌握 jQuery UI 小图标的使用方法。

相关知识

在本单元，我们将为大家介绍 jQuery UI 的一些常用组件，这些组件使用起来很简单，我们只需编写很少量的 jQuery 代码就能为 HTML 元素添加漂亮的外观和丰富的效果。

8.1 按钮 button

jQuery UI 允许我们为 HTML 页面的界面元素提供不同的外观，例如按钮、单选按钮和复选框。

8.1.1　按钮的基本使用

　　jQuery UI 提供了 button()方法，将 HTML 元素转换为按钮，并自动管理它们上面的鼠标移动，所有这些都是由 jQuery UI 隐式完成的。比如下面的 HTML 代码中有多种类型的按钮，当然，一般的页面中我们一般不用 span 元素作为按钮，此处为了演示 button()方法的作用特意把它也加进来。

```
<a id="mybtn1" href="#">超链接</a>
<button id="mybtn2">button 按钮</button>
<input id="mybtn3" type="submit">
<input id="mybtn4" type="reset">
<span id="mybtn5">span 文本容器</span>
```

这些 HTML 元素的原本的样子大家应该非常清楚，接下来我们对这些元素使用 jQuery 代码：

```
$(document).ready(function () {
    $('#mybtn1,#mybtn2,#mybtn3,#mybtn4,#mybtn5').button();
});
```

只需对这些元素应用 button()方法一个操作即可实现上述功能，页面效果如图 8-1 所示。

图 8-1　button()方法效果图

可以看到，所有的元素都被改变成了按钮的样子，包括 span 元素。使用 Chrome 浏览器检查元素，可以看到 HTML 代码已经被修改了，如图 8-2 所示。

```
<!doctype html>
<html lang="zh-CN">
▶ <head>…</head>
··· ▼ <body> == $0
    <a id="mybtn1" href="#" class="ui-button ui-corner-all ui-widget" role="button">超链接</a>
    <button id="mybtn2" class="ui-button ui-corner-all ui-widget">button按钮</button>
    <input id="mybtn3" type="submit" class="ui-button ui-corner-all ui-widget" role="button">
    <input id="mybtn4" type="reset" class="ui-button ui-corner-all ui-widget" role="button">
    <span id="mybtn5" class="ui-button ui-corner-all ui-widget" role="button">span文本容器</span>
</body>
</html>
```

如图 8-2　页面实际显示的 HTML 代码

如果我们要对按钮进行样式修改，可以对 class：ui-button 进行 CSS 编码，代码如下：

```
<style>
    .ui-button{
        background-color: red;
        color: white;
        font-weight: bold;
    }
</style>
```

此时，页面显示的元素如图 8-3 所示。

图 8-3　修改 CSS 代码后的元素

可以看到我们编写的 CSS 代码应用到了元素上，除了超链接(a 元素)，因为超链接默认不继承 color 属性，可以再对"a.ui-botton"单独设置颜色。

使用这样的方法也可以自定义对主题进行修改。

▶注意

如果要修改 CSS，一定要在"<link rel="stylesheet" href="css/jquery-ui.min.css">"之后，否则可能导致样式修改不成功。

8.1.2　button()方法

上面已经介绍了 button()方法的基本使用方法，接下来详细介绍 button()方法。此方法有两种形式：

```
$(selector).button(options);
$(selector).button("action", param);
```

1. button(options)方法

button(options)方法声明 HTML 元素应作为按钮进行管理。options 参数是一个指定按钮外观和行为的对象。按钮可以用文本表示，也可以与 jQuery UI CSS 文件中预定义的图标相关联(在这里，是 jquery-ui.min.css 文件)，在该文件中包含了一组 CSS 类，用于访问 images 目录中的图标。在这个 CSS 文件中，可以看到 CSS 类定义，例如下面的代码，是与图像文件中的图标相关联的 CSS 类的定义：

```
.ui-icon-calendar {
    background-position: −32px −112px;
}
```

此处允许我们在按钮中使用"ui-icon-calendar"类，例如，为按钮使用日历图标。jQuery UI 中可用的图标如图 8-4 所示。

图 8-4　jQuery UI 图标

options 中的设置项见表 8-1。

表 8-1　用于管理按钮的选项

选　项	说　明
disabled	如果设置为 true，则禁用该 button。默认值为 false
icons	值是一个对象，设置要显示的图标，包括带有文本的图标和不带有文本的图标。可以设置主图标和副图标，默认情况下，主图标(primary)显示在标签文本的左边，副图标(secondary)显示在右边。显示位置可通过 CSS 进行控制。此处需要注意的是，primary 和 secondary 属性值必须是图标 class 名称
label	要显示在按钮中的文本。默认值是不指定(null)，此时使用元素的 HTML 内容。如果元素是一个 submit 或 reset 类型的 input 元素，则使用它的 value 属性；如果元素是一个 radio 或 checkbox 类型的 input 元素，则使用相关的 label 元素的 HTML 内容
text	设置是否显示标签，默认值是 true。当设置为 false 时，不显示文本，但是此时必须启用 icons 选项，否则 text 选项将被忽略

比如我们想给按钮加上小图标，可以将 jQuery 代码修改如下：

```
$(document).ready(function () {
    $('#mybtn1').button({icons: {primary: "ui-icon-gear"}});
    $('#mybtn2').button({
        icons: {primary: "ui-icon-gear",secondary: "ui-icon-triangle-1-s"}
    });
    $('#mybtn3').button();
    $('#mybtn4,#mybtn5').button({icons: {secondary: "ui-icon-triangle-1-s"}});});
```

页面显示效果如图 8-5 所示。

图 8-5　给按钮加上小图标

可以看到：(1) 除了 input 元素的按钮外，其他元素的按钮都可以添加小图标，如"#mybtn4"元素；(2) 同时给按钮添加主、副小图标，则只会显示主图标，如"#mybtn2"元素。

2. button("action", param)方法

此方法允许对按钮执行方法，例如禁用或更改按钮文本。方法在第一个参数中指定为字符串，例如，"disable"可禁用按钮；第二个参数是需要作为参数传递到方法中的内容。表 8-2 列举了允许使用的方法及方法的作用。

表 8-2　按钮可添加的方法

方法名	说　　明
destroy()	完全移除 button 功能。这会把元素返回到它的预初始化状态。没有参数。示例： $(selector).button("destroy");
disable()	禁用 button。没有参数。示例： $(selector).button("disable");
enable()	启用 button。没有参数。示例： $(selector).button("enable");
option(optionName)	获取当前与指定的 optionName 关联的值。参数是要获取的选项名称。获取按钮是否被禁用示例： var isDisabled = $(selector).button("option","disabled");
option()	获取一个包含键值对的对象，键值对表示当前 button 的各选项。没有参数。示例： var options = $(selector).button("option");
option(optionName, value)	设置与指定的 optionName 关联的 button 选项的值。optionName：要设置的选项的名称；value：要为选项设置的值。示例： $(selector).button("option","disabled",true);
option(options)	为 button 设置一个或多个选项。options：要设置的 option-value 对。示例： $(selector).button("option",{disabled:true});
refresh()	刷新按钮的视觉状态。用于在以编程方式改变原生元素的选中状态或禁用状态后更新按钮状态。没有参数。示例： $(selector).button("refresh");
widget()	返回一个包含按钮的 jQuery 对象。没有参数。示例： var widget = $(selector).button("widget");

3. 为按钮绑定事件

jQuery UI 没有添加与按钮相关联的新事件。实际上，鼠标操作的管理与 jQuery 通常使用的 bind()方法所使用的现有事件(click、mouseover 等)相对应。因此要为按钮绑定事件只需直接使用 jQuery 代码绑定即可。

8.1.3 单 选 按 钮

jQuery UI 使用相同的方法可以让单选框拥有按钮的效果。

1. 显示单选按钮

使用单选按钮要比前面的按钮麻烦一点：必须只使用 input 元素来表示单选按钮，其中与单选按钮相关联的文本必须放在 label 元素中，并且 label 元素必须绑定 input 单选框。

例如要显示两个单选按钮来选择一个人的性别，我们编写 HTML 代码如下：

```
性别:
<input type="radio" id="male" name="sex" checked>
<label for="male">男</label>
<input type="radio" id="female" name="sex">
<label for="female">女</label>
<input type="radio" id="secret" name="sex">保密
```

jQuery 代码如下：

```
$(document).ready(function () {
    $('input').button();
});
```

页面效果如图 8-6 所示。

为了演示效果，我们特意加了一个没有绑定 label 元素的 input 元素，该 input 元素并没有改变原来的样式。同时还需要注意，在 label 元素中使用 for 属性将文本与单选按钮相关联。如果您忘记添加关联，按钮的选择和取消选择将不再发生。

图 8-6 单选框显示效果

2. buttonset()方法

上面的单选按钮肯定比传统的单选按钮更具视觉上的享受，但最好将它们组织起来，以显示它们形成一个块。我们可以通过稍微修改 HTML 和 jQuery 代码来实现这一点，更改以粗体显示：

```
性别:
<div>
    <input type="radio" id="male" name="sex" checked>
    <label for="male">男</label>
    <input type="radio" id="female" name="sex">
    <label for="female">女</label>
</div>
```

```
$(document).ready(function () {
    $('input').button();
    $('div').buttonset();
});
```

　　页面显示效果如图 8-7 所示。与前面的代码的不同之处在于，我们将 input 元素包装到 div 元素中，并应用 jQuery UI 的 buttonset()方法使按钮看起来像单个块。虽然按钮的显示不同，但它们的行为保持不变。

8.1.4　复选按钮

图 8-7　单选框效果

　　复选按钮的外观与单选按钮相同，但可以单独选择和取消选择每个复选框，此处不再赘述，大家可以将单选框代码修改为复选框代码即可看到对应的效果。

8.2　选项卡 tabs

　　带有选项卡的 HTML 页面在现代网站中已经很常见。选项卡允许我们按主题对站点信息进行分组，可以使用户通过选择相关选项快速轻松地查找相关信息。

　　选项卡(Tabs)通常用于把内容分成多个部分，以便节省空间，就像折叠面板(accordion)一样。

　　选项卡(Tabs)有一组必须使用的特定标记，以便选项卡能正常工作：

➢ 选项卡(Tabs)必须在一个有序的(ol)或无序的(ul)列表中。

➢ 每个标签页的"title"必须在一个列表项(li)的内部，且必须用一个带有 href 属性的锚(a)包裹。

➢ 每个标签页面板可以是任意有效的元素，但是它必须带有一个 id，该 id 与相关选项卡的锚中的 href 相对应。

　　每个标签页面板的内容可以在页面中定义好，或者可以通过 Ajax 加载。这两种方式都是基于与选项卡相关的锚的 href 自动处理的。默认情况下，标签页在点击时激活，但是通过 event 选项可以改变或覆盖事件。

8.2.1　选项卡的基本使用

　　下面的 HTML 代码是选项卡的模板代码，代码结构是 jQuery UI 所提供的，最简单的方法是按照模板编写代码，要增加或者减少选项卡只需要添加或删除对应的 div 和 li 元素即可。

```
<div id="tabs">
    <ul>
        <li><a href="#tab1">Tab 1</a></li>
        <li><a href="#tab2">Tab 2</a></li>
```

```
        <li><a href="#tab3">Tab 3</a></li>
    </ul>
    <div id="tab1">第一个 Tab 中的内容</div>
    <div id="tab2">第二个 Tab 中的内容</div>
    <div id="tab3">第三 Tab 中的内容</div>
</div>
```

jQuery 代码如下：

```
$(document).ready(function(){
    $("#tabs").tabs();
});
```

页面显示效果如图 8-8 所示。

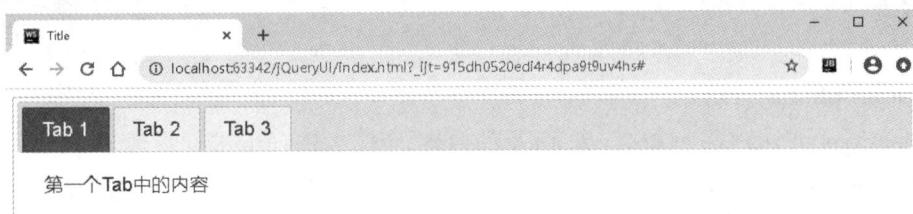

图 8-8　选项卡页面效果

有了这些元素后，我们对最外层的 div 元素应用 jQuery 方法 tabs()即可轻松达到想要的效果。当用户单击某个选项卡时，jQuery UI 将自动隐式地管理到该选项卡的切换，不需要我们再另外编写切换代码。这是不是非常的方便呢？

8.2.2　修改选项卡样式

使用 tabs()方法可以极大地改变页面中 HTML 元素的外观。实际上，这个方法会在 jQuery UI 内部遍历 HTML 元素，并向相关元素(选项卡)添加新的 CSS 类，以赋予它们适当的样式。

我们可以使用 CSS 来修改显示。例如，如果我们修改了与 li 元素相关联的 ui-state-default CSS 类，那么我们可以为选项卡设置一个新的样式；类似地，如果我们修改与 div 元素相关联的 ui-tabs-panel CSS 类，选项卡的内容将在外观上发生变化。

比如我们为上面的代码添加如下 CSS：

```
li.ui-state-default{
    font-size: 14px;
}
div.ui-tabs-panel{
    font-family: "隶书","sans-serif";
    font-size: 18px;
}
```

页面效果将变成如图 8-9 所示的样式。

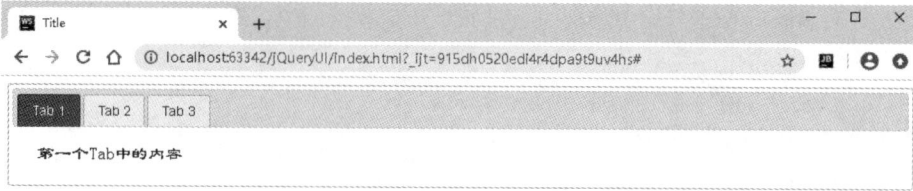

图 8-9　选项卡页面效果

8.2.3　tabs()方法

上面已经介绍了 tabs()方法的基本使用，接下来详细介绍 tabs ()方法。此方法有两种形式：

```
$(selector).tabs(options)
$(selector).tabs("action", param)
```

1. tabs(options)方法

tabs(options)方法声明 HTML 元素(及其内容)作为选项卡进行管理。options 参数是一个对象，用于指定与选项卡相关的外观和行为。根据是直接管理选项卡还是管理与选项卡相关的事件，可以使用不同类型的选项。

options 中的设置项见表 8-3，其中的示例以上面的 HTML 代码为基础。

表 8-3　用于修改选项卡外观和行为的选项

选　项	说　明
collapsible	设置是否可以取消选项卡的显示。默认为 false，此时单击选定选项卡不会取消选择(它将保持选中状态)；可以设置为 true，则允许取消选择选项卡。示例： `$("#tabs").tabs({collapsible:true});`
disabled	设置禁用选项卡，禁用的选项卡将无法被选中。使用数组指示已禁用的索引选项卡。示例：禁用前两个选项卡。 注意：即使第一个选项卡被禁用，当页面刷新时还是会默认选中第一个选项卡。 `$("#tabs").tabs ({disabled:[0,1]});`
selected	设置第一个选项卡的索引。默认值为 0，表示页面上的第一个选项卡。示例，设置第一个选项卡的索引为 1： `$("#tabs").tabs ({selected:1});`
event	允许用户选择新选项卡的事件的名称(默认为"单击")。示例，将鼠标移到选项卡上会选中它： `$("#tabs").tabs ({event:"mouseover"});`
ajaxOptions	指定 Ajax 的选项(当想用 Ajax 更新选项卡的内容时)。例如，选项 ajaxOptions.data 允许为服务器指定参数

2. tabs("action", param)方法

与前面的 tabs(options)方法不同，该方法用于在创建选项卡后修改选项卡。此方法允许通过 JavaScript 程序对选项卡执行操作，例如选择、禁用、添加或删除选项卡。在第一个参数中，操作被指定为字符串(例如，"add"可以添加新的选项卡)，而后面的参数与此操作的参数有关(例如，选项卡的索引等)，如表 8-4 所示。

表 8-4   tabs()方法相关操作

选 项	说 明
tabs ("disable", index)	禁用指定的选项卡
tabs ("enable", index)	启用指定的选项卡
tabs ("load", index)	让 Ajax 使用选项卡指示的 URL("URL",index,URL)检索选项卡的内容
tabs ("destroy")	删除选项卡管理。标签再次成为简单的 HTML，没有 CSS 类或事件管理

3. 绑定事件

除了 tabs(options)方法的 options 中使用的事件方法外，jQuery UI 还允许我们使用 bind()方法管理这些事件。jQuery UI 创建了不同的事件，如表 8-5 所示。

表 8-5   tabs()相关的事件

事 件	说 明
tabsselect	当选项卡被选择时触发的事件
tabsshow	当选项卡变得可见时触发的事件
tabsadd	当添加选项卡时触发的事件
tabsremove	当删除选项卡时触发的事件
tabsenable	当启用选项卡时触发的事件
tabsdisable	当禁用选项卡时触发的事件
tabsload	选项卡的内容已经由 Ajax 加载时触发的事件(通过 tabs("load")方法触发)

8.2.4   键盘交互

当焦点在标签页上时，我们可以使用键盘按键控制选项卡切换：

➢ UP/LEFT：移动焦点到上一个标签页。如果在第一个标签页上，则移动焦点到最后一个标签页。在一个短暂的延迟后激活获得焦点的标签页。

➢ DOWN/RIGHT：移动焦点到下一个标签页。如果在最后一个标签页上，则移动焦点到第一个标签页。在一个短暂的延迟后激活获得焦点的标签页。

➢ HOME：移动焦点到第一个标签页。在一个短暂的延迟后激活获得焦点的标签页。

➢ END：移动焦点到最后一个标签页。在一个短暂的延迟后激活获得焦点的标签页。

➢ SPACE：激活与获得焦点的标签页相关的面板。

➢ ENTER：激活或切换与获得焦点的标签页相关的面板。

➢ ALT+PAGE UP：移动焦点到上一个标签页，并立即激活。

➢ ALT+PAGE DOWN：移动焦点到下一个标签页，并立即激活。

当焦点在面板上时，我们可以使用键盘按键控制选项卡切换：

➤ CTRL+UP：移动焦点到相关的标签页。

➤ ALT+PAGE UP：移动焦点到上一个标签页，并立即激活。

➤ ALT+PAGE DOWN：移动焦点到下一个标签页，并立即激活。

8.3　手风琴菜单 accordion Menus

与选项卡一样，手风琴菜单允许我们在 HTML 页面上组织信息。区块中的信息根据所选菜单显示或隐藏。手风琴菜单的概念是，当一个区块可见时，其他区块会被一个看起来像手风琴运动的动画隐藏起来。

手风琴菜单的作用是把一对标题和内容面板转换成折叠面板，它支持任意标记，但是每个内容面板必须是与其相关的头部面板的下一个同级，且必须要标题和内容面板成对存在才能生成折叠面板。

8.3.1　手风琴菜单的基本使用

下面的 HTML 代码是手风琴菜单的模板代码，代码结构是 jQuery UI 所提供的，最简单的方法是按照模板编写代码，要增加或者删除菜单项只需要添加或删除对应的 div 和标题元素即可。

```html
<div id="accordion">
    <h3><a>菜单 1</a></h3>
    <div>菜单内容 1</div>
    <h3><a>菜单 2</a></h3>
    <div>菜单内容 2</div>
    <h3><a>菜单 3</a></h3>
    <div>菜单内容 3</div>
</div>
```

对应的 jQuery 代码如下：

```javascript
$(document).ready(function () {
    $("#accordion").accordion();
});
```

jQuery UI 要求我们为每个菜单编写以下内容，标题元素和 div 元素一个接一个重复：

➤ 一个包含整体的全局 div 元素。

➤ 一个将成为菜单标题的元素：它可以是<h1>，<h2>，…，<h6>，它必须包含一个超链接(a 元素)，该链接将指示菜单文本(由于未使用 href 属性，因此不需要对其使用 href 属性)。

➤ 与内容菜单相对应的 div 元素。

页面效果如图 8-10 所示。

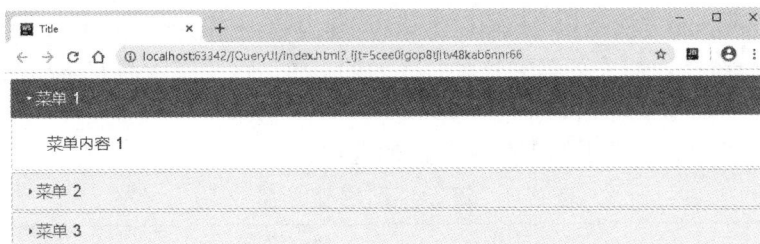

图 8-10　手风琴菜单效果

8.3.2　修改手风琴菜单样式

使用 accordion()方法会显著改变呈现页面中 HTML 元素的外观。实际上，这个方法扫描 HTML 并向元素(这里是 accordion 菜单)添加新的 CSS 类，以赋予它们适当的样式。

我们也可以使用元素的 CSS 类来订制显示效果。例如，如果我们改变与 h3 元素相关联的 ui-accordion-header CSS 类，我们可以改变菜单标题的样式。类似地，如果我们更改与 div 元素相关联的 ui-accordion-content CSS 类，我们将获得菜单内容的新样式。

比如下面的 CSS 代码：

```
h3.ui-accordion-header{
    border: 3px red solid;
}
div.ui-accordion-content{
    font-size: 12px;
}
```

上面的代码中，我们为标题 h3 添加了一个 3px 的红色边框，将内容区域的文字大小改为 12px，刷新页面后页面效果如图 8-11 所示。

图 8-11　手风琴菜单效果

8.3.3　accordion()方法

上面已经介绍了 accordion()方法的基本使用，接下来详细介绍 accordion()方法。此方法语法如下：

```
$(selector).accordion(options)
$(selector).accordion("aciton"，param)
```

accordion(options)方法指定 HTML 元素(及其内容)应作为 accordion 菜单进行管理。options 参数是一个指定相关菜单的外观和行为的对象。这些选项涉及菜单的行为、内容的高度或与这些菜单相关的事件。

表 8-6 描述了用于管理手风琴菜单行为的选项。

表 8-6　管理手风琴菜单的选项

选　项	说　　明
disabled	如果设置为 true，则禁用该 accordion。默认为 false。示例： $("#accordion").accordion({disabled:true});
collapsible	设置是否可以取消菜单内容的显示。默认为 false，当单击已选定菜单时不会取消选择(它将保持选中状态)；可以设置为 true，则允许取消选择菜单。示例： $("#accordion").accordion({collapsible:true});
active	当前应该打开哪个面板。默认值为 0(第一个菜单)。示例： $("#accordion").accordion({active:2}); 当设置 active 为 false 时，将折叠所有的面板
event	允许用户选择新菜单的事件的名称(默认为"单击")。例如，如果指定了"mouseover"，用户可以通过在菜单上移动鼠标来选择菜单。示例： $("#accordion").accordion({event:"mouseover"});
animate	设置伴随菜单选择的视觉效果。默认为"幻灯片"。其他值可以在效果上修改缓和参数值，也即类似幻灯片的显示效果。可设置的值为："easeInQuad"、"easeInCubic"、"easeInQuart"、"easeInQuint"、"easeInSine"、"easeInFoo"、"easeInCrec"、"easeInLastic"、"easeInBack"和"easeInBunce"。 设置为"false"会直接显示菜单的内容，而不显示过渡效果。 $("#accordion").accordion({ animate: "easeInBack" });
heightStyle	控制 accordion 和每个面板的高度。可设置的值： ➢ auto：所有的面板将会被设置为最高的面板的高度。 ➢ fill：基于 accordion 的父元素的高度，扩展到可用的高度。 ➢ content：每个面板的高度取决于它的内容

还有一些方法可以管理菜单项的选择。这些方法接收与事件对应的事件参数，后跟 ui 对象，该对象描述与事件关联的菜单(打开的菜单和关闭的菜单)。

activate 和 beforeActivate 事件的 ui 对象由以下属性组成：
➢ oldHeader：与正在关闭的菜单对应的 jQuery 类对象。
➢ oldContent：与正在关闭的内容菜单相对应的 jQuery 类对象。
➢ newHeader：与正在打开的菜单相对应的 jQuery 类对象。
➢ newContent：与正在打开的内容菜单相对应的 jQuery 类对象。

create 事件的 ui 对象由以下属性组成：
➢ header：当前正在创建的标题。
➢ panel：当前正在创建的内容。

表 8-7 列出了管理菜单事件的选项。

表 8-7　管理菜单事件的选项

事件选项	说　　明
activate	对应 activate(event,ui)方法，面板被激活后触发(在动画完成之后)。如果 accordion 之前是折叠的，则 ui.oldHeader 和 ui.oldPanel 将是空的 jQuery 对象。如果 accordion 正在折叠，则 ui.newHeader 和 ui.newPanel 将是空的 jQuery 对象
beforeActivate	对应 beforeActivate(event,ui)方法，面板被激活前直接触发。可以取消以防止面板被激活。如果 accordion 当前是折叠的，则 ui.oldHeader 和 ui.oldPanel 将是空的 jQuery 对象。如果 accordion 正在折叠，则 ui.newHeader 和 ui.newPanel 将是空的 jQuery 对象
create	对应 create(event,ui)方法，当创建 accordion 时触发。如果 accordion 是折叠的，则 ui.header 和 ui.panel 将是空的 jQuery 对象

上面的事件选项也可以使用 jQuery 提供的 bind()方法进行绑定，对应的事件名称为：

➢ accordionactivate 事件：对应 activate。

➢ accordionbeforeactivate 事件：对应 beforeActivate。

➢ accordioncreate 事件：对应 create。

8.3.4　键盘交互

当焦点在标题(header)上时，下面的键盘命令可用：

➢ UP/LEFT：移动焦点到上一个标题。如果在第一个标题上，则移动焦点到最后一个标题上。

➢ DOWN/RIGHT：移动焦点到下一个标题。如果在最后一个标题(header)上，则移动焦点到第一个标题上。

➢ HOME：移动焦点到第一个标题上。

➢ END：移动焦点到最后一个标题上。

➢ SPACE/ENTER：激活与获得焦点的标题相关的面板(panel)。

当焦点在面板中时，下面的键盘命令可用：

➢ CTRL+UP：移动焦点到相关的标题上。

8.4　对话框 dialog Boxes

对话框是在 HTML 页面上显示信息的一种方式。例如，可以使用对话框向用户提出问题。HTML 对话框具有其他应用程序对话框的传统行为，可以移动、调整大小，当然也可以关闭它们。

8.4.1　对话框的基本使用

图 8-12 是 jQuery UI 为我们提供的对话框，此对话框包括文本内容和包含关闭按钮的标题栏。用户可以移动页面上的对话框并调整其大小。如果内容长度超过最大高度，会自动出现滚动条。一个底部按钮栏和一个半透明的模式覆盖层是常见的添加选项。

图 8-12　对话框

要实现这样的对话框，jQuery UI 对我们的页面有如下要求：

➢ 一个 body 元素下的 div 元素，它必须要有 title 属性指定窗口标题。

➢ 在 div 元素中有包含说明文字的元素，用于显示对话框的内容。

下面的 HTML 代码是对话框模板代码，代码结构是 jQuery UI 提供的，最简单的方法是按照模板编写代码，可以避免很多不必要的问题。

在页面中放入如下 HTML 元素：

```
<div id="dialog" title="对话框标题">
    <span> 对话框中的内容 </span>
</div>
```

使用 jQuery 代码对元素应用 dialog()方法：

```
$(document).ready(function () {
    $("#dialog").dialog();
});
```

运行代码后就能看到如图 8-12 所示的对话框。

另外，我们可以在页面中定义多个对话框，比如下面的代码：

```
<!DOCTYPE html>
<html lang="zh-CN">
<head>
    <meta charset="UTF-8">
    <title>Title</title>
    <link rel="stylesheet" href="jquery-ui.min.css">
    <script src="js/jquery-1.12.4.js"></script>
    <script src="jquery-ui.min.js"></script>
</head>
<script>
    $(document).ready(function () {
        $("#dialog1,#dialog2").dialog();
    });
</script>
<body>
<div id="dialog1" title="对话框标题 1">
    <span> 对话框中的内容  1</span>
</div>
```

```
<div id="dialog2" title="对话框标题 2">
    <span> 对话框中的内容  2</span>
</div>
</body>
</html>
```

我们定义了两个对话框，打开页面后显示如图 8-13 所示。

图 8-13　对话框页面效果

此时我们只能看到第二个(后面代码定义的)对话框。这是因为所有对话框在出现时都是默认出现在页面的正中间，而代码中后面的 HTML 元素的显示级别要比前面的 HTML 元素显示级别高，所以对话框 2 遮挡了对话框 1。我们移动(或者关闭)对话框 2 后就能看到对话框 1 了。效果如图 8-14 所示。

图 8-14　对话框页面效果

8.4.2　修改对话框样式

我们可以通过修改 CSS 类在默认主题上修改对话框的样式。例如，如果修改与 div 元素相关联的 ui-dialog-titlebar CSS 类，就可以修改窗口标题的样式。类似地，如果我们更改与 div 元素相关联的 ui-dialog-content CSS 类，就可以修改窗口内容的样式。

比如下面的 CSS 代码：

```
div.ui-dialog-titlebar{
    background-color: blue;
    color: white;
}
div.ui-dialog-content{
    font-size: 12px;
}
```

上面的代码将窗口标题的背景颜色修改为蓝色，文字修改为白色；将窗口内容的文字大小修改为 12px，页面效果如图 8-15 所示。

图 8-15　对话框页面效果

如果需要修改对话框的样式，则可以使用下面的 CSS 类名称：

ui-dialog：对话框的外层容器。

➢ ui-dialog-titlebar：包含对话框标题和关闭按钮的标题栏。

■ ui-dialog-title：对话框文本标题周围的容器。

■ ui-dialog-titlebar-close：对话框的关闭按钮。

➢ ui-dialog-content：对话框内容周围的容器。这也是部件被实例化的元素。

➢ ui-dialog-buttonpane：包含对话框按钮的面板。只有当设置了 buttons 选项时才呈现。

■ ui-dialog-buttonset：按钮周围的容器。

8.4.3　dialog()方法

此方法用于设置一个对话框。对话框将在一个交互覆盖层中打开内容。语法如下：

```
$(selector).dialog(options)
$(selector).dialog("aciton"，param)
```

此方法声明应该以对话框的形式管理 HTML 元素(及其内容)。options 参数是一个指定该窗口的外观和行为的对象，可用的选项管理窗口的外观、位置和大小，以及视觉效果的行为；action 是操作对话框方法的字符串；param 则是 options 的某个选项。

对话框 options 对象的选项见表 8-8。

表 8-8   管理对话框外观级行为的选项

属　　性	说　　明
autoOpen	此属性为 true(默认)时，dialog 被调用的时候自动打开 dialog 窗口。当属性为 false 的时候，一开始隐藏窗口，直到.dialog("open")的时候才弹出 dialog 窗口。示例： `$("#dialog").dialog({ autoOpen: false });`

buttons	用于显示一个按钮。值是一个对象，对象的属性名显示为按钮的文本，属性的值绑定按钮点击事件。示例，显示一个关闭按钮：
	`$("#dialog").dialog({`
	　`buttons: {`
	　　`"关闭": function () {`
	　　　`$(this).dialog("close");`
	　　`}`
	　`}`
	`});`

closeOnEscape	设置键盘 Esc 按钮是否有效。该值为 true(默认)的时候，点击键盘 Esc 键关闭 dialog；false 的作用相反。示例： `$("#dialog").dialog({closeOnEscape: false});`
draggable	设置 dialog 窗口是否可拖动。默认为可拖动(true)。示例： `$("#dialog").dialog({draggable: false});`
resizable	设置 dialog 窗口是否可改变大小。默认为可以改变大小(true)。示例： `$("#dialog").dialog({resizable: false});`
width、height	设置 dialog 窗口的宽度和高度，属性的值为一个 number 数值，代表多少像素，默认为 auto。示例： `$("#dialog").dialog({width:200,height:200});`
maxWidth、maxHeight、minWidth、minHeight	可变的最大、最小宽度和高度。只有当 resizable 为 true 时，这些属性才会生效。minWidth、minHeight 的默认值为 150
hide、show	dialog 窗口关闭、打开时的效果。默认为无效果 null。示例：关闭窗口时在 1 s 内逐渐消失： `$("#dialog").dialog({hide: 1000});`
modal	是否使用模式窗口。模式窗口打开后，页面其他元素将不能点击，直到关闭模式窗口。默认值为 false，即不是模式窗口。示例： `$("#dialog").dialog({modal: true});`
zIndex	dialog 窗口的 z-index 值，默认值为 1000
stack	默认值为 true，当 dialog 获得焦点时，dialog 将在最上面显示

dialog()还有一些控制的方法，可以使用 JavaScript 来控制 dialog 窗口。这些方法同样是使用参数的方式传入 dialog()方法中。可用的方法见表 8-9。

表 8-9　dialog()控制方法

方　法	说　　明
destroy	取消 dialog 窗口效果。示例： $("#dialog").dialog("destroy");
disable	dialog 窗口不可用。示例： $("#dialog").dialog("disable");
open	打开 dialog 窗口。示例： $("#dialog").dialog("open");
close	关闭 dialog 窗口。示例： $("#dialog").dialog("close");
isOpen	判断 dialog 窗口是否被打开。如果 dialog 打开则返回 true。示例： var isopen = $("#dialog").dialog("isOpen");

与 dialog 窗口相关的事件见表 8-10。

表 8-10　dialog 窗口的相关事件

事　件	说　　明
open	当 dialog 窗口打开时触发
focus	当 dialog 窗口获得焦点时触发
dragStart	当 dialog 窗口开始拖动时触发
drag	当 dialog 窗口被拖动时触发
dragStop	当 dialog 窗口拖动完成时触发
resizeStart	当 dialog 窗口开始改变窗口大小时触发
resize	当 dialog 窗口被改变窗口大小时触发
resizeStop	当 dialog 窗口改变完大小时触发

8.4.4　焦点

当打开一个对话框时，焦点会自动移动到满足下面条件的第一个项目：

➢ 带有 autofocus 属性的对话框内的第一个元素。

➢ 对话框内容中的第一个"：tabbable"元素。

➢ 对话框按钮面板内的第一个"：tabbable"元素。

➢ 对话框的关闭按钮。

➢ 对话框本身。

当打开对话框时，会自动切换到对话框内元素间的焦点(不包括对话框外的元素)；当关闭对话框时，焦点自动返回到之前对话框打开时获得焦点的元素上。

8.4.5　dialog 窗口实例

下面的代码创建了一个对话框，在页面打开时不显示对话。按钮分别是打开和关闭对话框，如果重复点击则做出提示。比如对话框已经打开时，再点打开按钮则会弹出提示"对话框已打开"。

对话框有两个按钮：确定和关闭，点击效果都为关闭对话框。完整代码如下所示：

```html
<!DOCTYPE html>
<html lang="zh-CN">
<head>
    <meta charset="UTF-8">
    <title>Title</title>
    <link rel="stylesheet" href="jquery-ui.min.css">
    <script src="js/jquery-1.12.4.js"></script>
    <script src="jquery-ui.min.js"></script>
</head>
<script>
    $(document).ready(function () {
        $("#dialog").dialog({
            autoOpen: false,
            buttons: [
                {
                    text: "确定",
                    click: function () {
                        $(this).dialog("close");
                    }
                }, {
                    text: "取消",
                    click: function () {
                        $(this).dialog("close");
                    }
                }
            ]
        });
        $("#open").click(function (event) {
            if ($("#dialog").dialog("isOpen")) {
                alert("对话框已经打开！");
            } else {
                $("#dialog").dialog("open");
            }
        });
        $("#close").click(function (event) {
            if (!$("#dialog").dialog("isOpen")) {
                alert("对话框已关闭！");
            } else {
```

```
                          $("#dialog").dialog("close");
                      }
               });
           });
  </script>
  <body>
  <div id="dialog" title="对话框标题">
       <p> 对话框内容</p>
  </div>
  <input id="open" type="button" value="打开">
  <input id="close" type="button" value="关闭">
  </body>
  </html>
```

点击两次"打开"按钮时，页面效果如图 8-16 所示。

图 8-16　对话框页面效果

8.5　日历 datepicker

jQuery UI 日期选择器(datepicker)是向页面添加日期选择功能的高度可配置插件，允许用户轻松直观地输入日期。考虑到不同国家或地区的各种语言限制，我们可以自定义日期格式和语言，限制可选择的日期范围，添加按钮和其他导航选项。

8.5.1　日历的基本使用

jQuery UI 提供的日历(datepicker)有两种使用方式：(1) 作为日期选择控件；(2) 作为日历模块。

1. 作为日期选择控件

当我们需要用户在页面中输入时间时，我们经常会使用日期选择控件，HTML5 为我们提供了一个基本的日期选择控件<input type="date">，但它比较难以控制样式，和当前主题不符。jQuery UI 也为我们提供了一个日期选择控件，我们只需要在页面中加入一个 input 元素，并使用 jQuery 代码给元素应用一个方法(datepicker())即可。比如下面的代码：

```html
<!DOCTYPE html>
<html lang="zh-CN">
<head>
    <meta charset="UTF-8">
    <title>Title</title>
    <link rel="stylesheet" href="jquery-ui.min.css">
    <script src="js/jquery-1.12.4.js"></script>
    <script src="jquery-ui.min.js"></script>
</head>
<script>
    $(document).ready(function () {
        $('#datepicker').datepicker();
    });
</script>
<body>
<input id="datepicker">
</body>
</html>
```

这样我们就将一个普通的输入框改造成了日期输入控件。页面效果如图 8-17 和图 8-18 所示。

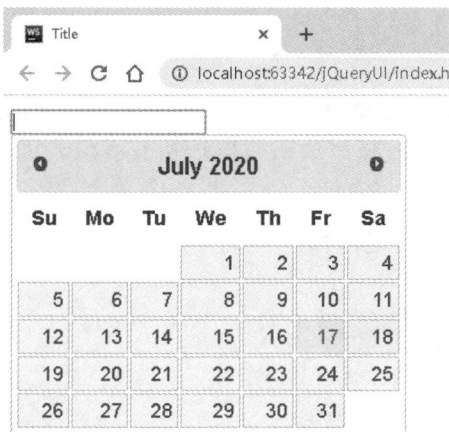

图 8-17　元素获得焦点时

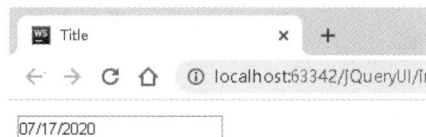

图 8-18　选择时间后

> 注意
>
> 此方法不支持在<input type="date">上创建日期选择器，因为会造成与本地选择器的 UI 冲突。

2. 作为日历模块

当我们需要在页面上显示一个日历模块时，我们可以把上面代码中的 input 元素换成一个 div 元素或 span 元素(或其他这类型的元素)，HTML 代码修改如下：

```
<span id="datepicker"></span>
```

页面效果如图 8-19 所示，日历将静态显示，用户无需单击输入字段即可访问它。

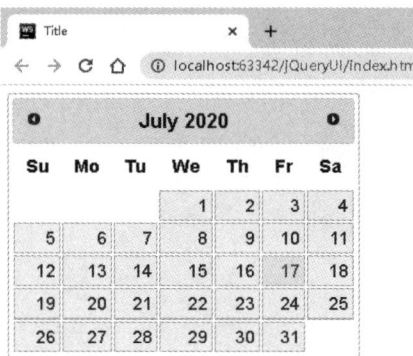

图 8-19　日历模块

8.5.2　修改日历样式

我们可以通过修改 CSS 类在默认主题上修改日历的样式。比如我们可以使用下面的 CSS 代码修改日历的样式：

```
.ui-datepicker-header{
    font-size: 20px;
    background-color: orange;
}
.ui-datepicker-calendar{
    border: 3px black dashed;
}
```

上面的代码给日历的头部添加了橙色的背景色，将日历的边框加粗并修改为虚线。效果如图 8-20 所示。

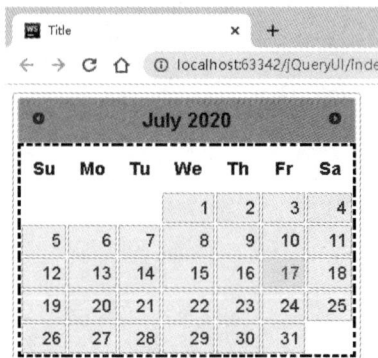

图 8-20　日历模块

与日历相关的 CSS 类总结如下：

➢ ui-datepicker：日期选择器的外层容器。如果日期选择器是内联的，该元素会另外带有一个 ui-datepicker-inline class。如果设置了 isRTL 选项，该元素会另外带有一个 ui-datepicker-rtl class。

■ ui-datepicker-header：日期选择器的头部容器。

◆ ui-datepicker-prev：用于选择上一月的控件。

◆ ui-datepicker-next：用于选择下一月的控件。

◆ ui-datepicker-title：日期选择器包含月和年的标题容器。

● ui-datepicker-month：月的文本显示，如果设置了 changeMonth 选项则显示 <select> 元素。

● ui-datepicker-year：年的文本显示，如果设置了 changeYear 选项则显示 <select> 元素。

■ ui-datepicker-calendar：包含日历的表格。

◆ ui-datepicker-week-end：周末的单元格。

◆ ui-datepicker-other-month：发生在某月但不是当前月天数的单元格。

◆ ui-datepicker-unselectable：用户不可选择的单元格。

◆ ui-datepicker-current-day：已选中日期的单元格。

◆ ui-datepicker-today：当天日期的单元格。

■ ui-datepicker-buttonpane：当设置 showButtonPanel 选项时使用按钮面板(buttonpane)。

◆ ui-datepicker-current：用于选择当天日期的按钮。

如果"numberOfMonths"选项用于显示多个月份，则会使用一些额外的类：

➢ ui-datepicker-multi：一个多月份日期选择器的最外层容器。该元素会根据要显示的月份个数另外带有 ui-datepicker-multi-2、ui-datepicker-multi-3 或 ui-datepicker-multi-4 class 名称。

■ ui-datepicker-group：分组内单独的选择器。该元素会根据它在分组中的位置另外带有 ui-datepicker-group-first、ui-datepicker-group-middle 或 ui-datepicker-group-last class 名称。

8.5.3　datepicker()方法

日历方法有两种形式：

```
$(selector). datepicker(options)
$(selector). datepicker("aciton"，param)
```

options 是以对象键值对的形式传参，每个键值对表示一个选项；action 是操作对话框方法的字符串，param 则是 options 的某个选项。

1. 日期格式设置

表 8-11 中列举了 datepicker()方法对日期格式设置的属性，表 8-12 中列举了日期格式化代码。

表 8-11   datepicker 日期设置属性

属性	说　　明
dateFormat	指定日历返回的日期格式
dayNames	以数组形式指定星期中的天的长格式。比如：星期日
dayNamesShort	以数组形式指定星期中的天的短格式。比如: Sun、Mon 等
dayNamesMin	以数组形式指定星期中的天的最小格式。比如: Su、Mo 等
monthNames	以数组形式指定月份的长格式名称(January、February 等)。数组必须从 January 开始
monthNamesShort	以数组形式指定月份的短格式名称(Jan、Feb 等)。数组必须从 January 开始
altField	为日期选择器指定一个<input>域
altFormat	添加到<input>域的可选日期格式
appendText	在日期选择器的<input>域后面附加文本
showWeek	显示周
weekHeader	显示周的标题
firstDay	指定日历中的星期从星期几开始。0 表示星期日

表 8-12   日期格式化代码

代码	说　　明
d	月份中的天，从 1 到 31
dd	月份中的天，从 01 到 31
o	年份中的天，从 1 到 366
oo	年份中的天，从 001 到 366
D	星期中的天的缩写名称(Mon、Tue 等)
DD	星期中的天的全写名称(Monday、Tuesday 等)
m	月份，从 1 到 12
mm	月份，从 01 到 12
M	月份的缩写名称(Jan、February 等)
MM	月份的全写名称(January、February 等)
y	两位数字的年份(如 19 表示 2019)
yy	四位数字的年份(如 2019)
@	从 01/01/1997 至今的毫秒数

比如我们可以使用 jQuery 代码对日历做如下设置：

```
$('#datepicker').datepicker({
    dateFormat: 'yy 年 mm 月 dd 日',
    dayNamesMin: ['日','一','二','三','四','五','六'],
    monthNames: ['一月','二月','三月','四月','五月','六月',
        '七月','八月','九月','十月','十一月','十二月']
});
```

页面显示效果及属性对应的位置如图 8-21 所示。

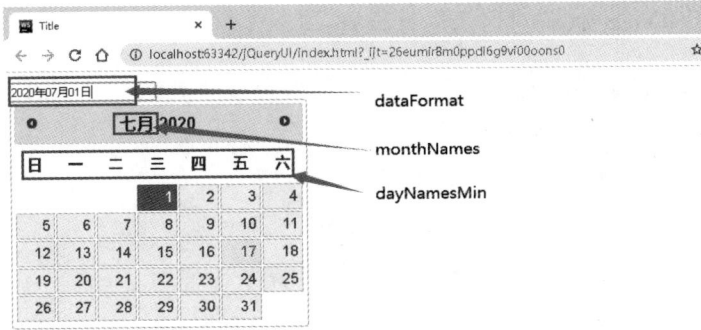

图 8-21   日历设置后效果

2. 日历外观设置

表 8-13 列出了日历外观设置选项。

表 8-13   日历外观设置选项

属 性	说 明
disabled	禁用日历
numberOfMonths	日历中同时显示的月份个数。默认为 1，如果设置 3 就同时显示 3 个月份。也可以设置数组：[3,2]，表示 3 行 2 列共 6 个
showOtherMonths	如果设置为 true，当月中没有使用的单元格会显示填充，但无法使用。默认为 false，会隐藏无法使用的单元格
selectOtherMonths	如果设置为 true，表示可以选择上个月或下个月的日期。前提是 showOtherMonths 设置为 true
changeMonth	如果设置为 true，显示快速选择月份的下拉列表
changeYear	如果设置为 true，显示快速选择年份的下拉列表
isRTL	是否由右向左绘制日历，默认为 false
autoSize	是否自动调整控件大小，以适应当前的日期格式的输入，默认为 false
showOn	默认值为 focus，获取焦点触发，还有 button 点击按钮触发和 both 任一事件发生时触发
buttonText	触发按钮上显示的文本
buttonImage	图片按钮地址
buttonImageOnly	设置为 true 则会使用图片代替按钮
showButtonPanel	开启显示按钮面板
closeText	设置关闭按钮的文本
currentText	设置获取当日日期的按钮文本
nextText	设置下一月的 alt 文本
prevText	设置上一月的 alt 文本
navigationAsDateFormat	设置 prev、next 和 curent 的文字可以是 format 的日期格式
yearSuffix	附加在年份后面的文本
showMonthAfterYear	设置为 true，则将月份放置在年份之后

比如使用如下 jQuery 代码对日历进行设置：

```
$('#datepicker').datepicker({
    dateFormat: 'yy-mm-dd',
    showOtherMonths: true          //显示其他月份
    selectOtherMonths: true        //可以选择其他月份的日期
    changeMonth: true              //显示选择月份下拉菜单
    changeYear: true               //显示选择年下拉菜单
});
```

页面显示效果如图 8-22 所示。

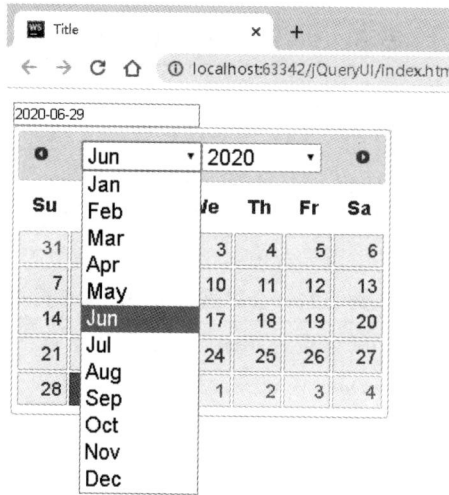

图 8-22　日历设置后效果

3. 日期选择设置

我们还可以对日历能够选择的日期进行设置，表 8-14 列出了相关设置选项。

表 8-14　日期选择选项

属　　性	说　　　　明
minDate	设置日历中可以选择的最小日期
maxDate	设置日历中可以选择的最大日期
defaultDate	预设默认选定日期。默认为当天
yearRange	设置下拉菜单年份的区间。比如 2018—2022
hideIfNoPrevNext	默认为 false。设置为 true 时，如果上一月和下一月不存在则隐藏按钮

4. 日历的动画效果

表 8-15 列举了设置日历动画效果的选项。

表 8-15　日历的动画选项

属性	说　　明
showAnim	日历出现或消失的特效。默认为 fadeIn。可选特效如下： ➢ blind：从顶部显示或消失 ➢ bounce：断断续续地显示或消失(垂直) ➢ clip：中心垂直的显示或消失 ➢ slide：从左边显示或消失 ➢ drop：从左边显示或消失，伴随透明度变化 ➢ fold：从左上角显示或消失 ➢ highlight：伴随透明度和背景色的变化显示或消失 ➢ puff：从中心开始收放显示或消失 ➢ scale：从中心开始收放显示或消失 ➢ pulsate：以闪烁形式显示或消失 ➢ fadeIn：伴随着透明化显示或消失 ➢ false：没有特效
duration	日历显示或消失持续的时间。number 值，单位为毫秒

5. 日历的事件选项

表 8-16 列举了日历的事件选项。

表 8-16　日历的事件选项

事　件	说　　明
beforeShow	日历显示之前会被调用
beforeShowDay	beforeShowDay(date)方法在显示日历中的每个日期时会被调用(date 参数是一个 Date 类对象)。该方法必须返回一个数组来指定每个日期的信息： ➢ 该日期是否可以被选择(数组的第一项，为 true 或 false) ➢ 该日期单元格上使用的 CSS 类 ➢ 该日期单元格上显示的字符串提示信息
onChangeMonthYear	onChangeMonthYear(year, month, inst)方法在日历中显示的月份或年份改变时会被调用。或者当 changeMonth 或 changeYear 为 true，下拉改变时也会触发。year 是当前的年，month 是当前的月，inst 是一个对象，可以调用一些属性获取值
onClose	onClose(dateText, inst)方法在日历被关闭的时候被调用。dateText 是当时选中的日期字符串，inst 是一个对象，可以调用一些属性获取值
onSelect	onSelect(dateText, inst)方法在选择日历的日期时被调用。dateText 是当时选中的日期字符串，inst 是一个对象，可以调用一些属性获取值

比如禁用每个月的 1 号，可以使用下面的 jQuery 代码：

```
$('#datepicker').datepicker({
    beforeShowDay: function(date){
        if(date.getDate() === 1){
```

```
                    return [false,'class 名','不能选择 1 号'];
            }else{
                    return [true];
            }}
    });
```

页面效果如图 8-23 所示。

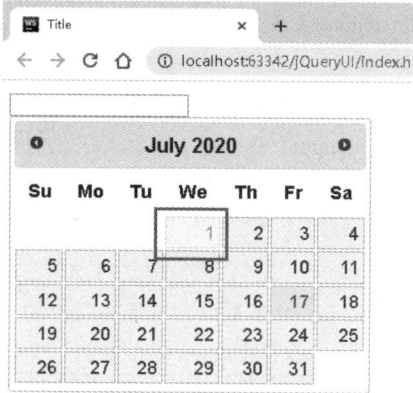

图 8-23　日历设置后效果

6. 日历的操作选项

表 8-17 中列出了日历的操作方法。

表 8-17　日历的操作选项

事　件	说　明
datepicker('show')	显示日历
datepicker('hide')	隐藏日历
datepicker('getDate')	获取当前选定的日期
datepicker('sctDatc' ,datc)	设置当前选定的日期
datepicker('destroy')	删除日历，还原成原来的元素
datepicker('widget')	获取日历的 jQuery 对象
datepicker('isDisabled')	获取日历是否被禁用
datepicker('refresh')	刷新日历
datepicker('option',param)	获取 option 属性的值
datepicker('option',param,value)	设置 option 属性的值

8.6　输入框自动补全 autocomplete

　　自动完成功能是现代网站中经常使用的一种机制，它为用户在文本框中键入的内容提供建议列表，用户可以从列表中选择一个项目，该项目将显示在输入字段中。此功能可以给用户输入带来极大的便利，能有效地提高用户体验度。

　　自动完成功能根据用户输入值进行搜索和过滤，帮助用户快速找到并从预设值列表中选择。任何可以接收输入的字段都可以转换为 autocomplete，如 input 元素、textarea 元素及带有 contenteditable 属性的元素。

　　通过给 autocomplete 字段焦点或者在其中输入字符，插件开始搜索匹配的条目并显示供选择的值的列表。通过输入更多的字符，用户可以过滤列表以获得更好的匹配。

　　该部件可用于选择先前选定的值，比如输入文章标签或者从地址簿中输入邮件地址；也可以用来填充相关的信息，比如输入一个城市的名称来获得该城市的邮政编码。

　　我们可以从本地源或者远程源获取数据：本地源适用于小数据集，例如，带有 50 个条目的地址簿；远程源适用于大数据集，比如，带有数百个或者成千上万个条目的数据库。

8.6.1　自动补全功能的基本使用

　　比如页面上有一个输入框，需要用户输入一种编程语言，这个时候我们可以编写如下代码：

```
<!DOCTYPE html>
<html lang="zh-CN">
<head>
    <meta charset="UTF-8">
    <title>Title</title>
    <link rel="stylesheet" href="jquery-ui.min.css">
    <script src="js/jquery-1.12.4.js"></script>
    <script src="jquery-ui.min.js"></script>
</head>
<script>
    $(document).ready(function () {
        var langguages = ['basic','C language','C++','java','C#','vb','python','javascript','php'];
        $('#language').autocomplete({
            source: langguages
        });
    });
</script>
<body>
请输入你的编程语言：<input id="language">
</body>
</html>
```

当输入 "c" 时，页面显示效果如图 8-23 所示。

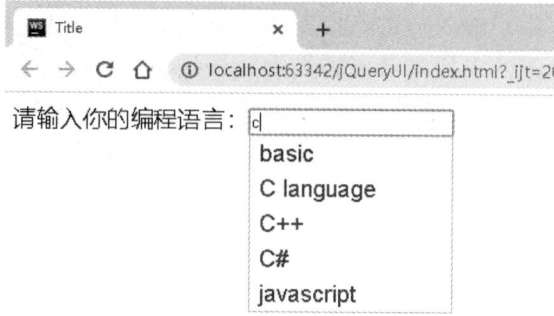

图 8-23　自动补全功能

输入由 ID 为 language 的 input 元素完成，在 HTML 页面的 script 元素中，我们需要同时定义建议列表(var languages)和必须匹配的输入字段才能显示建议列表。为此，只需指明 input 元素由 jQuery UI 提供的 autocomplete()方法管理，同时使用 source 属性({source:books}) 指定显示建议列表即可。当用户输入时会触发 input 元素的事件，将 input 元素的内容与建议列表中的内容进行比对，满足条件的建议列表中的项将会显示在 input 元素的下方供用户选择。

有时候我们希望选中的项显示的内容和值是不同的，类似 select 元素的 option，此时我们可以使用下面的 jQuery 定义数据源：

```
var languages = [
    {label: 'basic', value: '1'},
    {label: 'C language', value: '2'},
    {label: 'C++', value: '3'},
    {label: 'java', value: '4'},
    {label: 'C#', value: '5'},
    {label: 'vb', value: '6'},
    {label: 'python', value: '7'},
    {label: 'javascript', value: '8'},
    {label: 'php', value: '9'}
];
```

这样，当我们选中某个文本时，就能获取到它对应的值了。

8.6.2　修改自动补全功能的样式

autocomplete()方法在输入字段下面创建了一个建议列表，并向相关元素添加新的 CSS 类，以赋予它们适当的样式。如果我们要修改它们的样式，可以通过修改 ui-autocomplete 来修改弹出的选项列表的样式；通过修改 ui-autocomplete-input 来修改输入框的样式。比如下面的 CSS 代码：

```
.ui-autocomplete{
    font-size: 16px;
}
```

```
.ui-autocomplete-input{
    font-size: 30px;
}
```

上面的代码增大输入框中的字体大小，减小提示项的字体大小，页面效果如图 8-24 所示。

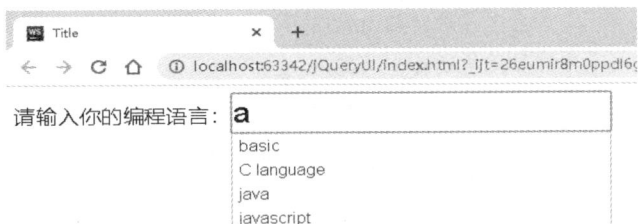

图 8-24　修改样式后的自动补全功能

8.6.3　autocomplete()方法

此方法为元素附加一个菜单，当用户输入时，会根据预设的值对用户输入进行提示。语法为：

```
$(selector). autocomplete(options)
$(selector). autocomplete("aciton"，param)
```

options 是以对象键值对的形式传参，每个键值对表示一个选项；action 是操作对话框方法的字符串，param 则是 options 的某个选项。

表 8-18 列出了自动补全功能的一些设置选项。

表 8-18　自动补全设置选项

属　性	说　　　明

appendTo	默认值为 null。指定用于显示菜单的 div 应该追加到哪个元素内。当该值为 null 时，autocomplete 将会检查输入元素的祖辈中是否存在一个包含 CSS 类名 ui-front 的元素。如果存在，则追加到该元素内；如果不存在，则默认追加到 body 元素内。示例：
	`$(selector).autocomplete( {`
	`appendTo: selector} );`

autoFocus	默认值为 false。如果设为 true，在菜单显示时，将默认选中第一项。示例： `$(selector).autocomplete( { autoFocus: true } );`
delay	默认值为 300。指定在按键发生后多少毫秒后才触发执行自动完成。示例： `$(selector).autocomplete( { delay: 500 } );`
disabled	默认值为 false。是否禁用自动完成功能。示例： `$(selector).autocomplete( { disabled: true } );`
position	默认值为{ my: "left top", at: "left bottom", collision: "none" }。指示在关联的输入元素的什么位置显示菜单。其默认值表示菜单相对于关联目标元素的左下角，作为自己的左上角。示例： `$(selector).autocomplete({ position: { my: "right top", at: "right bottom" } });`
source	指定显示菜单的数据来源，必须指定该参数

表 8-19 列出了自动补全功能的一些操作方法。

表 8-19　自动补全方法

方　　法	说　　明
autocomplete("close")	关闭自动完成显示的菜单
autocomplete("destroy")	完全移除自动完成功能
autocomplete("disable")	禁用自动补全功能
autocomplete("enable")	启用自动补全功能
autocomplete("instance")	返回 autocomplete 的对象实例。如果指定元素没有关联的实例，则返回 undefined
autocomplete("search",value)	触发 search 事件，如果该事件未被取消的话，autocomplete 将调用数据源来显示菜单。如果没有为其指定 value 参数，它将使用当前输入元素的值(指定了的话，就使用指定的 value 值)
autocomplete("widget")	返回匹配菜单元素的 jQuery 对象(实际匹配一个 div 元素，该 div 内用于放置显示菜单的 html 内容)。尽管菜单项是即时创建和销毁的，但菜单元素本身并不会重复创建和销毁。它在初始化时被创建，然后一直被重复使用

表 8-20 列出了自动补全功能的一些事件。

表 8-20　自动补全相关事件

事　　件	说　　明
change	当输入框失去焦点时，如果其输入内容发生改变，则触发该事件
close	当菜单被隐藏(关闭)时触发该事件。注意：并不是每一个 change 事件都伴随着一个 close 事件
create	当 autocomplete 被创建时触发该事件
focus	当任一菜单项获得焦点时触发该事件，该事件只会在通过键盘交互方式使菜单项获得焦点时触发
open	当菜单显示(打开)或被更新时触发该事件
response	当自动搜索完成，但尚未显示菜单时触发该事件
search	当一次自动完成的搜索被执行前触发该事件
select	当任一菜单项被选择时触发该事件

8.7　进度条 progress bar

进度条允许用户查看任务的进度，例如传输文件时显示上传或下载进度。进度条被设计用来显示进度的当前完成百分比，可以通过 CSS 代码灵活调整大小，默认会缩放到适应父容器的大小。

一个确定的进度条只能在系统可以准确更新当前状态的情况下使用。一个确定的进度条不会从左向右填充，然后循环回到空。如果不能计算实际状态，则可以使用不确定的进度条以便向用户提供反馈。

8.7.1　进度条的基本使用

下面的代码定义了一个进度条，由于进度条的当前进度不确定，因此将设置项 value
设置为 false，否则进度条显示的就是一个空的带边框的 div 元素：

```html
<!DOCTYPE html>
<html lang="zh-CN">
<head>
    <meta charset="UTF-8">
    <title>Title</title>
    <link rel="stylesheet" href="jquery-ui.min.css">
    <script src="js/jquery-1.12.4.js"></script>
    <script src="jquery-ui.min.js"></script>
</head>
<script>
$(document).ready(function () {
    $("div#progressbar").progressbar({value:false});
});
</script>


<body>
当前进度：<div id="progressbar"></div>
</body>
</html>
```

页面效果如图 8-25 所示。

图 8-25　进度条效果

8.7.2　修改进度条样式

如果需要使用进度条指定的样式，则可以使用下面的 CSS class 名称：

➢ ui-progressbar：进度条的外层容器。该元素会为不确定的进度条另外添加一个
ui-progressbar-indeterminate class。

　■ ui-progressbar-value：该元素代表进度条的填充部分。

　■ ui-progressbar-overlay：用于为不确定的进度条显示动画的覆盖层。

比如下面的 CSS 代码，可以修改进度条的宽度和高度：

```
div.ui-progressbar{
    width: 300px;
    height: 30px;
}
```

显示效果如图 8-26 所示。

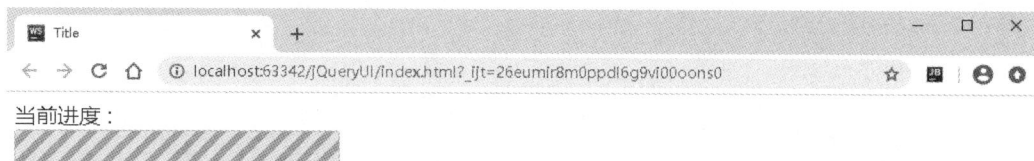

图 8-26　修改样式后的进度条

8.7.3　progressbar()方法

和前面讲的方法一样，此方法也有两种形式：

```
$(selector).progressbar(options)
$(selector).progressbar("action",param)
```

options 是以对象键值对的形式传参，每个键值对表示一个选项；action 是操作对话框方法的字符串，param 则是 options 的某个选项。

表 8-21 列出了进度条的一些设置选项。

表 8-21　进度条设置选项

属　　性	说　　明
value	进度条的进度值，从 0 到最大值，如果设置为 false，则显示为动态背景图
max	设置进度条的最大值。默认值为 100
disable	设置是否隐藏进度条。默认值为 false

表 8-22 列出了进度条的一些事件。

表 8-22　进 度 条 事 件

事　　件	说　　明
create	进度条被创建时被触发
change	进度条进度发生改变时被触发
complete	进度条加载到最大值时被触发

表 8-23 列出了进度条的一些方法。

表 8-23　进 度 条 方 法

方　　法	说　　明
progressbar("destroy")	销毁进度条
progressbar("disable")	禁用进度条
progressbar("enable")	启用进度条
progressbar("option",optionName)	获取属性的值

方　法	说　　明
progressbar("option",optionName,value)	设置属性
progressbar("widget")	返回进度条的 jQuery 对象
progressbar("value",value)	设置进度条的 value 属性

8.7.4　进度条完整示例

下面的代码完整演示了进度条从开始加载到加载完成的过程：

```html
<!DOCTYPE html>
<html lang="zh-CN">
<head>
    <meta charset="UTF-8">
    <title>Title</title>
    <link rel="stylesheet" href="jquery-ui.min.css">
    <script src="js/jquery-1.12.4.js"></script>
    <script src="jquery-ui.min.js"></script>
</head>
<script>
    $(document).ready(function () {
        $("div#progressbar").progressbar({
            value: false,
            change: function (event) {
                var value = $("div#progressbar").progressbar("value");
                $("#percent").html(value + " %");
            }
        });
        var value = 0;
        var timer = setInterval(function () {
            $("div#progressbar").progressbar("value", value);
            value++;
            if (value > 100) clearInterval(timer);
        }, 100);
    });
</script>
<body>
当前进度 :<span id="percent"></span>
<div id="progressbar"></div>
</body>
```

```
</html>
```

效果如图 8-27 所示。

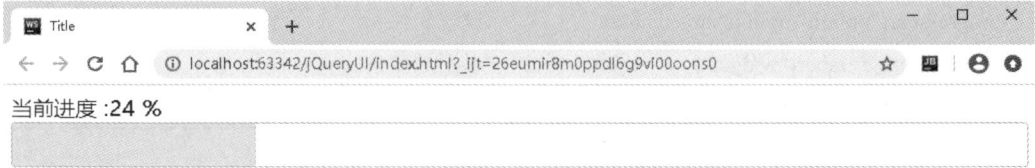

当前进度 :24 %

图 8-27　进度条加载效果

8.8　滑块 slider

滑块是一种小部件，允许用户通过在刻度轴上移动光标来更改数据的数值。例如，从 18 到 100 的刻度滑块允许用户以图形方式选择年龄，而不是在输入栏中手动输入。

8.8.1　滑块的基本使用

下面是 jQuery UI 提供的滑块基本代码，在页面中放置一个普通的 div 元素，对这个元素应用 slider()方法：

```html
<!DOCTYPE html>
<html lang="zh-CN">
<head>
    <meta charset="UTF-8">
    <title>Title</title>
    <link rel="stylesheet" href="jquery-ui.min.css">
    <script src="js/jquery-1.12.4.js"></script>
    <script src="jquery-ui.min.js"></script>
</head>
<script>
    $(document).ready(function(){
        $("div#slider").slider();
    });
</script>
<body>
<h3>滑块</h3>
<div id="slider"></div>
</body>
</html>
```

页面显示效果如图 8-28 所示。

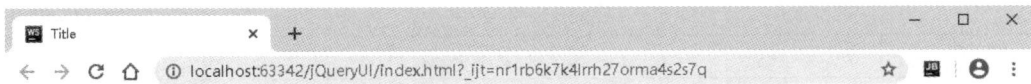

图 8-28   滑块页面效果

jQuery UI 提供的滑块(slider)允许通过滑块进行选择。有各种不同的选项，比如多个手柄和范围。手柄可通过鼠标或箭头按键进行移动。

滑块会在初始化时创建带有 class ui-slider-handle 类的手柄元素，可以通过在初始化之前创建并追加元素，同时向元素添加 ui-slider-handle 类来指定自定义的手柄元素。它只会创建匹配 value/values 长度所需数量的手柄。例如，如果指定 values:[1,5,18]，且创建一个自定义手柄，插件将创建其他两个。

8.8.2   修改滑块样式

如果需要对滑块进行样式修改，可以使用下面的 CSS 类名称：

➢ ui-slider：滑块控件的轨道。该元素会根据滑块的 orientation 另外带有一个 ui-slider-horizontal 或 ui-slider-vertical class。

■ ui-slider-handle：滑块手柄。

■ ui-slider-range：设置 range 选项时使用的已选范围。如果 range 选项设置为"min"或"max"，则该元素会分别另外带有一个 ui-slider-range-min 或 ui-slider-range-max class。

8.8.3   slider()方法

slider()方法有两种形式：

```
$(selector).slider(options)
$(selector).slider("action",param)
```

options 是以对象键值对的形式传参，每个键值对表示一个选项；action 是操作对话框方法的字符串，param 则是 options 的某个选项。

表 8-24 列出了进度条的一些设置选项。

表 8-24   进度条设置选项

选　项	说　　明
animate	设置是否在拖动滑块时执行动画效果，默认为 false。示例：
	$(selector).slider({animate: true });
max	设置滑动条的最大值，默认为 100。示例：
	$(selector).slider({ max: 7 });
min	设置滑动条的最小值，默认为 0。示例：
	$(selector).slider({ min: -7 });

续表

选　项	说　　明
range	设置滑块是否用于选择范围，默认为 false。如果设置为 true，滑动条会自动创建两个滑块，一个最大、一个最小，用于设置一个范围内值。示例： $(selector).slider({ range: true });
step	在最大值和最小值中间设置滑块步进大小，此值必须能被(max-min)平分。示例： $(selector).slider({ step: 2 });
value	设置初始时滑块的值，如果有多个滑块，则设置第一个滑块。示例： $(selector).slider({ value: 37 });
values	此属性用于设置滑块的初始值，并且只当 range 设置为 true 时有效(至少两个滑块值)，每个值对应一个划块的值。示例： $(selector).slider({ values: [1,5,9] });

表 8-25 列出了划块相关的事件。

表 8-25　进度条设置选项

事　件	说　　明
start	当滑块开始滑动时触发
slide	当滑块滑动时触发。可以使用 ui.value 获取当前值
change	当滑块滑动且值发生改变时触发
stop	当滑块停止滑动时触发

表 8-26 列出了划块的一些方法。

表 8-26　划块方法

方　法	说　　明
slider("destroy")	销毁划块
slider("disable")	禁用划块
slider("enable")	启用划块
slider("option",optionName)	获取属性的值
slider("option",optionName,value)	设置划块属性
slider("widget")	返回划块的 jQuery 对象
slider("value",value)	设置划块的 value 属性

8.8.4　进度条完整示例

下面是一个划块颜色选择器的完整示例：

```
<!DOCTYPE html>
<html lang="zh-CN">
<head>
    <meta charset="UTF-8">
```

```
    <title>Title</title>
    <link rel="stylesheet" href="jquery-ui.min.css">
    <script src="js/jquery-1.12.4.js"></script>
    <script src="jquery-ui.min.js"></script>
</head>
<style>
    #red, #green, #blue {
        float: left;
        clear: left;
        width: 300px;
        margin: 15px;
    }
    #swatch {
        width: 120px;
        height: 100px;
        margin-top: 18px;
        margin-left: 350px;
        background-image: none;
    }
    #red .ui-slider-range {
        background: #ef2929;
    }
    #red .ui-slider-handle {
        border-color: #ef2929;
    }
    #green .ui-slider-range {
        background: #8ae234;
    }
    #green .ui-slider-handle {
        border-color: #8ae234;
    }
    #blue .ui-slider-range {
        background: #729fcf;
    }
    #blue .ui-slider-handle {
        border-color: #729fcf;
    }
</style>
<script>
```

```
        function hexFromRGB(r, g, b) {
            var hex = [
                r.toString(16),
                g.toString(16),
                b.toString(16)
            ];
            $.each(hex, function (nr, val) {
                if (val.length === 1) {
                    hex[nr] = "0" + val;
                }
            });
            return hex.join("").toUpperCase();
        }
        function refreshSwatch() {
            var red = $("#red").slider("value"),
                green = $("#green").slider("value"),
                blue = $("#blue").slider("value"),
                hex = hexFromRGB(red, green, blue);
            $("#swatch").css("background-color", "#" + hex);
        }
        $(function () {
            $("#red, #green, #blue").slider({
                orientation: "horizontal",
                range: "min",
                max: 255,
                value: 127,
                slide: refreshSwatch,
                change: refreshSwatch
            });
            $("#red").slider("value", 255);
            $("#green").slider("value", 140);
            $("#blue").slider("value", 60);
        });
    </script>
    <body>
    <p class="ui-state-default ui-corner-all ui-helper-clearfix" style="padding:4px;">
        <span class="ui-icon ui-icon-pencil" style="float:left; margin:-2px 5px 0 0;"></span>
        简单的颜色选择器
    </p>
```

```
    <div id="red"></div>
    <div id="green"></div>
    <div id="blue"></div>
    <div id="swatch" class="ui-widget-content ui-corner-all"></div>
    </body>
    </html>
```

页面运行效果如图 8-29 所示。

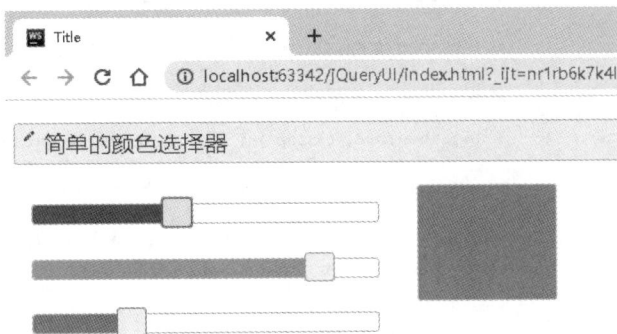

图 8-29　划块颜色选择器示例

8.9　jQuery UI 提供的图标

jQuery UI 提供了大量可以通过对元素应用类名(class)来使用的图标(icons)。类名大体上遵循语法：.ui-icon-{icon type}-{icon sub description}-{direction}。例如，下面将显示一个向北的箭头的图标：

```
    <span class="ui-icon ui-icon-arrowthick-1-n"></span>
```

图标也集成到了一些 jQuery UI 的小部件中，在上面的说明中大家应该也能看到一些小部件中是带有图标的，比如 accordion、button、menu 等。

下面是 jQuery UI 提供的图标的完整列表：

ui-icon-blank	⌃ ui-icon-carat-1-n	⌐ ui-icon-carat-1-ne
› ui-icon-carat-1-e	⌟ ui-icon-carat-1-se	⌄ ui-icon-carat-1-s
⌞ ui-icon-carat-1-sw	‹ ui-icon-carat-1-w	⌐ ui-icon-carat-1-nw
⇕ ui-icon-carat-2-n-s	⟨⟩ ui-icon-carat-2-e-w	▲ ui-icon-triangle-1-n
◤ ui-icon-triangle-1-ne	▶ ui-icon-triangle-1-e	◢ ui-icon-triangle-1-se
▼ ui-icon-triangle-1-s	◣ ui-icon-triangle-1-sw	◀ ui-icon-triangle-1-w
◥ ui-icon-triangle-1-nw	⇕ ui-icon-triangle-2-n-s	⬌ ui-icon-triangle-2-e-w
↑ ui-icon-arrow-1-n	↗ ui-icon-arrow-1-ne	→ ui-icon-arrow-1-e

ui-icon-arrow-1-se　　　　ui-icon-arrow-1-s　　　　ui-icon-arrow-1-sw

ui-icon-arrow-1-w　　　　ui-icon-arrow-1-nw　　　　ui-icon-arrow-2-n-s

ui-icon-arrow-2-ne-sw　　ui-icon-arrow-2-e-w　　　ui-icon-arrow-2-se-nw

ui-icon-arrowstop-1-n　　ui-icon-arrowstop-1-e　　ui-icon-arrowstop-1-s

ui-icon-arrowstop-1-w　　ui-icon-arrowthick-1-n　　ui-icon-arrowthick-1-ne

ui-icon-arrowthick-1-e　　ui-icon-arrowthick-1-se　　ui-icon-arrowthick-1-s

ui-icon-arrowthick-1-sw　　ui-icon-arrowthick-1-w　　ui-icon-arrowthick-1-nw

ui-icon-arrowthick-2-n-s　　ui-icon-arrowthick-2-ne-sw　　ui-icon-arrowthick-2-e-w

ui-icon-arrowthick-2-se-nw　　ui-icon-arrowthickstop-1-n　　ui-icon-arrowthickstop-1-e

ui-icon-arrowthickstop-1-s　　ui-icon-arrowthickstop-1-w　　ui-icon-arrowreturnthick-1-w

ui-icon-arrowreturnthick-1-n　　ui-icon-arrowreturnthick-1-e　　ui-icon-arrowreturnthick-1-s

ui-icon-arrowreturn-1-w　　ui-icon-arrowreturn-1-n　　ui-icon-arrowreturn-1-e

ui-icon-arrowreturn-1-s　　ui-icon-arrowrefresh-1-w　　ui-icon-arrowrefresh-1-n

ui-icon-arrowrefresh-1-e　　ui-icon-arrowrefresh-1-s　　ui-icon-arrow-4

ui-icon-arrow-4-diag　　ui-icon-extlink　　ui-icon-newwin

ui-icon-refresh　　ui-icon-shuffle　　ui-icon-transfer-e-w

ui-icon-circlesmall-plus　　ui-icon-circlesmall-minus　　ui-icon-circlesmall-close

ui-icon-squaresmall-plus　　ui-icon-squaresmall-minus　　ui-icon-squaresmall-close

ui-icon-grip-dotted-vertical　　ui-icon-grip-dotted-horizontal　　ui-icon-grip-solid-vertical

ui-icon-grip-solid-horizontal　　ui-icon-gripsmall-diagonal-se　　ui-icon-grip-diagonal-se

ui-icon-transferthick-e-w　　ui-icon-folder-collapsed　　ui-icon-folder-open

ui-icon-document　　ui-icon-document-b　　ui-icon-note

ui-icon-mail-closed　　ui-icon-mail-open　　ui-icon-suitcase

ui-icon-comment　　ui-icon-person　　ui-icon-print

ui-icon-trash　　ui-icon-locked　　ui-icon-unlocked

ui-icon-bookmark　　ui-icon-tag　　ui-icon-home

ui-icon-flag　　ui-icon-calculator　　ui-icon-cart

ui-icon-pencil　　ui-icon-clock　　ui-icon-disk

ui-icon-calendar　　ui-icon-zoomin　　ui-icon-zoomout

ui-icon-search　　ui-icon-wrench　　ui-icon-gear

ui-icon-heart　　ui-icon-star　　ui-icon-link

ui-icon-cancel　　ui-icon-plus　　ui-icon-plusthick

— ui-icon-minus	— ui-icon-minusthick	✖ ui-icon-close
✖ ui-icon-closethick	⚲ ui-icon-key	♡ ui-icon-lightbulb
✂ ui-icon-scissors	⎙ ui-icon-clipboard	⧉ ui-icon-copy
⊞ ui-icon-contact	⬚ ui-icon-image	⊞ ui-icon-video
⧉ ui-icon-script	⚠ ui-icon-alert	ⓘ ui-icon-info
! ui-icon-notice	? ui-icon-help	✔ ui-icon-check
● ui-icon-bullet	○ ui-icon-radio-off	◉ ui-icon-radio-on
⊷ ui-icon-pin-w	⚐ ui-icon-pin-s	▶ ui-icon-play
❙❙ ui-icon-pause	▶▶ ui-icon-seek-next	◀◀ ui-icon-seek-prev
▶❙ ui-icon-seek-end	❙◀ ui-icon-seek-first	■ ui-icon-stop
⏏ ui-icon-eject	◀ ui-icon-volume-off	◀» ui-icon-volume-on
⏻ ui-icon-power	⌇ ui-icon-signal-diag	▂▃ ui-icon-signal
▭ ui-icon-battery-0	▭ ui-icon-battery-1	▭ ui-icon-battery-2
▭ ui-icon-battery-3	⊕ ui-icon-circle-plus	⊖ ui-icon-circle-minus
⊗ ui-icon-circle-close	▶ ui-icon-circle-triangle-e	▼ ui-icon-circle-triangle-s
◀ ui-icon-circle-triangle-w	▲ ui-icon-circle-triangle-n	⊙ ui-icon-circle-arrow-e
⊙ ui-icon-circle-arrow-s	⊙ ui-icon-circle-arrow-w	⊙ ui-icon-circle-arrow-n
⊙ ui-icon-circle-zoomin	⊙ ui-icon-circle-zoomout	☑ ui-icon-circle-check

单　元　总　结

　　本单元介绍了 jQuery UI 提供给我们的常用部件(Widget)，每种部件都有大量的案例演示，读者可以根据案例中的代码进行练习。

　　虽然 jQuery UI 提供的部件不多，但是它们都是非常实用的，而且我们应该能很快发现一个规律：部件的创建、属性、方法、事件基本上都差不多，因此，理论上来说，只要掌握了一个部件的详细使用方法就可以大致掌握其他部件的使用方法，这对我们开发人员是非常友好的。

单元 9

jQuery UI 键鼠交互

学习目标

知识目标

➢ 了解 jQuery UI 为我们提供了哪些便利的键鼠交互功能。
➢ 了解键鼠交互功能的作用和特点。

技能目标

➢ 能够使用 jQuery UI 实现页面中的拖放操作。
➢ 能够实现鼠标拖拽排序功能。
➢ 能够根据业务需求控制元素自由缩放。
➢ 能够让页面元素被轻松选取。

相关知识

本单元将继续介绍 jQuery UI 的特性，重点介绍使用鼠标对元素进行拖放、排序、缩放和选取操作。与单元 8 中介绍的组件不同的是，它们不是 jQuery UI 小组件，而是添加到 DOM 元素的行为。

默认情况下，div、span 等元素无法在 Web 页面上进行拖拽或缩放，需要在 JavaScript 的帮助下，才能使这些元素具有动态性。在 jQuery UI 库的支持下，要实现那些需要大量 JavaScript 代码配合才能完成的操作，就变得非常简单了。

本单元将介绍元素拖放、排序、缩放和可选取操作。jQuery UI 已经为我们处理了这些操作的绝大多数细节问题，并提供了一组选项集，以便使这些交互行为满足项目的需要。

9.1　元素拖放 drag and drop

拖放是网页中用于移动项目的常用操作，可以使用鼠标将元素拖动，放到另一个页面元素上。例如，如果页面显示要购买的物品的图像，则用户可以将一个物品拖动到一个购物车中，该购物车表示要购买的所有商品。

拖放包含两个操作：拖拽和放置。虽然这两个操作通常都是在一起使用，但 jQuery UI 还是对这两个操作进行了区分，将它们分为“drag”(对象的移动)和“drop”(正在移动的对象的存放)操作，并为我们提供了 draggable()和 droppable()两个方法。

9.1.1　draggable()方法

draggable()方法用于创建一个可拖拽(draggable)元素。语法如下：

```
$(selector).draggable(options)
$(selector).draggable("action", param)
```

其中：options 是以对象键值对的形式传参，每个键值对表示一个选项；action 是操作对话框方法的字符串，param 则是 options 的某个选项。

比如在页面中有一个 div 元素，为了元素能被我们观察到，给它设定 200 px 的宽度和高度以及一个背景颜色，接下来通过 jQuery UI 提供的 draggable()方法设置它为可拖拽元素，代码如下：

```html
<!DOCTYPE html>
<html lang="zh-CN">
<head>
    <meta charset="UTF-8">
    <title>Title</title>
    <link rel="stylesheet" href="jquery-ui.min.css">
    <script src="js/jquery-1.12.4.js"></script>
    <script src="jquery-ui.min.js"></script>
</head>
<style>
    #dragItem {
        width: 200px;
        height: 200px;
        background-color: orange;
    } </style>
<script>
    $(document).ready(function () {
        $('#dragItem').draggable();
```

```
    })
</script>
<body>
<div id="dragItem"></div>
</body>
</html>
```

页面运行效果如图 9-1 和图 9-2 所示。

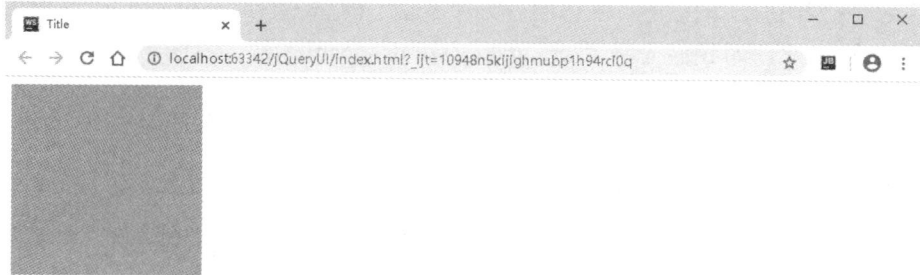

图 9-1　页面打开效果

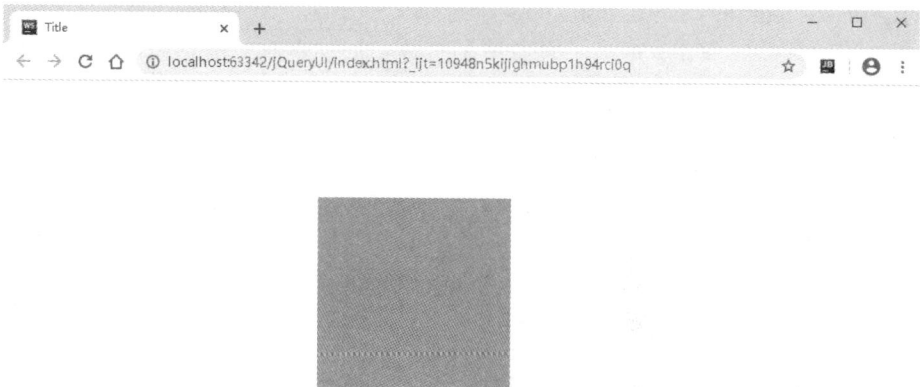

图 9-2　元素拖拽效果

可以看到，只要对元素使用 draggable()方法就能使元素成为可拖拽元素。

表 9-1 列出了 draggable()方法的设置选项。

表 9-1　draggable()方法的设置选项

属　性	说　　明
disabled	如果设置为 true，则禁止该元素被拖拽。示例： $(selector).draggable({ disabled: true });
addClasses	是否向元素添加类名 "ui-draggable"，默认为 true。如果设置为 false，将阻止 ui-draggable 类名被添加。当在数百个元素上调用.draggable()时，这样设置有利于性能优化。示例： $(selector).draggable({ addClasses: false });

属　　性	说　　明
appendTo	设置当拖拽时，draggable helper(draggable 助手)要追加到哪一个元素。支持多个类型： ➢ jQuery：一个 jQuery 对象，包含助手(helper)要追加到的元素。 ➢ Element：要追加助手(helper)的元素。 ➢ Selector：一个选择器，指定哪一个元素要追加助手(helper)。 ➢ String：字符串 "parent" 将促使助手(helper)成为 draggable 的同级。 示例： `$( selector).draggable({ appendTo: "body" });`
axis	约束在水平轴(x)或垂直轴(y)上拖拽。可能的值："x"、"y"。示例： `$( selector).draggable({ axis: "x" });`
cancel	在指定的元素上禁用拖拽操作。默认 input、textarea、button、select 等元素不允许拖拽。示例： `$( selector).draggable({ cancel: ".title" });`
connectToSortable	允许元素放置在指定的 sortable(可排序)元素上。如果使用了该选项，则一个可拖拽元素可被放置在一个可排序列表上，然后成为列表的一部分。注意：helper 选项必须设置为"clone"，以便更好地工作。示例： `$( selector).draggable({connectToSortable: "#my-sortable" });`
containment	约束在指定元素或区域的边界内拖拽。支持多个类型： ➢ Selector：可拖拽元素将被包含在 selector 第一个元素的边界内。如果未找到元素，则不设置 containment。 ➢ Element：可拖拽元素将被包含在元素的边界。 ➢ String：可能的值："parent"、"document"、"window"。 ➢ Array：一个数组，以形式 [x1, y1, x2, y2] 定义元素的边界。 示例： `$( selector).draggable({ containment: "parent" });`
cursor	设置拖拽操作期间的 CSS 光标。示例： `$( selector).draggable({ cursor: "crosshair" });`
cursorAt	设置拖拽助手(helper)相对于鼠标光标的偏移，值是一个对象。坐标可通过一个或两个键的组合给出：{ top, left, right, bottom }。示例： `$(selector).draggable({ cursorAt: { left: 5 } });`
delay	从鼠标按下后直到拖拽开始为止的时间，以毫秒计。该选项可以防止点击在某个元素上时不必要的拖拽。示例： `$(selector).draggable({ delay: 300 });`
distance	鼠标按下后、拖拽开始前必须移动的距离，以像素计。该选项可以防止点击在某个元素上时不必要的拖拽。示例： `$(selector).draggable({ distance: 10 });`

续表二

属　性	说　　明
grid	对齐拖拽助手(helper)到网格，其值为每个 x 和 y 像素。数组形式必须是 [x, y]。示例： $(selector).draggable({ grid: [50, 20] });
handle	如果指定了该选项，则限制拖拽，除非鼠标在指定的元素上按下。只有可拖拽 (draggable)元素的后代元素才允许被拖拽。示例： $(selector).draggable({ handle: "h2" });
helper	允许一个 helper 元素用于拖拽显示。支持多个类型： ➤ String：如果设置为 "clone"，则元素被克隆，且克隆被拖拽。 ➤ Function：一个函数，将返回拖拽时要使用的 DOMElement。 示例： $(selector).draggable({ helper: "clone" });
iframeFix	防止拖拽期间 iframes 捕捉鼠标移动(mousemove)事件。在与 cursorAt 选项结合使用时，或鼠标光标未覆盖在助手(helper)上时，非常有用。支持多个类型： ➤ Boolean：当设置为 true 时，透明遮罩将被放置在页面的所有 iframes 上。 ➤ Selector：匹配 selector 的任意 iframes 将被透明遮罩覆盖。 示例： $(selector).draggable({ iframeFix: true });
opacity	当被拖拽时助手(helper)的不透明度。示例： $(selector).draggable({ opacity: 0.35 });
refreshPositions	如果设置为 true，则在每次鼠标移动(mousemove)时都会计算所有可放置的位置。 注意：这解决了高度动态的问题，但是明显降低了性能。示例： $(selector).draggable({ refreshPositions: true });
revert	当拖拽停止时，元素是否还原到它的开始位置。默认为 false。支持多个类型： ➤ Boolean：如果设置为 true，则元素总会还原。 ➤ String：如果设置为 "invalid"，则还原仅当元素未放置在 droppable(目标位置) 上时发生；如果设置为 "valid"，则相反。 ➤ Function：一个函数，确定元素是否还原到它的开始位置。该函数必须返回 true，才能还原元素。 示例： $(selector).draggable({ revert: true });
revertDuration	还原(revert)动画的持续时间，以毫秒计。如果 revert 选项是 false，则忽略。示例： $(selector).draggable({ revertDuration: 200 });
scope	用于组合配套 draggable 和 droppable 项，droppable 的 accept 选项除外。一个 与 droppable 带有相同的 scope 值的 draggable 元素会被该 droppable 元素接受。 示例： $(selector).draggable({ scope: "tasks" });

属　　性	说　　明
scroll	如果设置为 true，则当拖拽时容器会自动滚动。示例： $(selector).draggable({ scroll: false });
scrollSensitivity	从要滚动的视区边缘起的距离，以像素计。距离是相对于指针的，不是相对于 draggable 元素的。如果 scroll 选项是 false，则忽略。示例： $(selector).draggable({ scrollSensitivity: 100 });
scrollSpeed	当鼠标指针获取到在 scrollSensitivity 距离内时，窗体滚动的速度。如果 scroll 选项是 false，则忽略。示例： $(selector).draggable({ scrollSpeed: 100 });
snap	元素是否对齐到其他元素。默认为 false。支持多个类型： ➤ Boolean：当设置为 true 时，元素会对齐到其他可拖拽(draggable)元素。 ➤ Selector：一个选择器，指定要对齐到哪个元素。 示例： $(selector).draggable({ snap: true });
snapMode	决定 draggable 元素将对齐到对齐元素的哪个边缘。如果 snap 选项是 false，则忽略。可能的值："inner"、"outer"、"both"。示例： $(selector).draggable({ snapMode: "inner" });
snapTolerance	从要发生对齐的对齐元素边缘起的距离，以像素计。如果 snap 选项是 false，则忽略。示例： $(selector).draggable({ snapTolerance: 30 });
stack	控制匹配选择器(selector)的元素集合的 z-index，总是在当前拖拽项的前面，在类似窗口管理器这样的事物中非常有用。示例： $(selector).draggable({ stack: ".products" });
zIndex	当被拖拽时，助手(helper)的 z-index。示例： $(selector).draggable({ zIndex: 100 });

表 9-2 列举了可拖拽元素的一些控制方法。

表 9-2　可拖拽元素的控制方法

方　　法	说　　明
draggable()	使选中的元素变为可拖拽元素
draggable("destroy")	移除可拖拽功能，还原为原来的元素
draggable("disable")	禁用可拖拽元素
draggable("enable")	启用可拖拽元素
draggable("option",optionName)	获取元素的属性的值
draggable("option",optionName,value)	设置元素的任意属性
draggable("widget")	获取元素 jQuery 对象

表 9-3 列举了可拖拽元素的事件。

表 9-3　可拖拽元素的事件

事件	说　　明
create	当可拖拽元素创建时被触发
drag	在拖拽期间当鼠标移动时触发
start	当拖拽开始时触发
stop	当拖拽停止时触发

9.1.2　droppable()方法

droppable()方法用于创建一个可放置(droppable)元素。与可拖拽元素不同，可放置元素必须依赖可拖拽元素存在，它只作为可拖拽元素的目的地元素存在，所以单独设置一个可放置元素而不设置可拖动元素并没有什么意义。语法如下：

$(selector).droppable(options)

$(selector).droppable("action", param)

其中：options 是以对象键值对的形式传参，每个键值对表示一个选项；action 是操作对话框方法的字符串，param 则是 options 的某个选项。

表 9-4 列出了 droppable()方法的设置选项。

表 9-4　droppable()方法的设置选项

属　　性	说　　明
accept	控制哪个 draggable 元素可被 droppable 元素接受。支持多个类型： ➤ Selector：一个选择器，指定哪个 draggable 元素可被 droppable 元素接受。 ➤ Function()：一个函数，将被页面上的每个 draggable 元素调用(作为第一个参数传递给函数)。如果 draggable 元素被接受，则该函数返回 true。 示例： $(selector).droppable({ accept: ".special" });
activeClass	如果指定了该选项，则当一个 draggable 元素被拖拽时，class 将被添加到 droppable 元素中。示例： $(selector).droppable({ activeClass: "ui-state-highlight" });
addClasses	设置是否向元素添加类名"ui-droppable"，默认为 true。如果设置为 false，将防止 ui-droppable 类名被添加。这在数百个元素上调用 .droppable()时有助于性能优化。示例： $(selector).droppable({ addClasses: false });
disabled	如果设置为 true，则禁用该 droppable 元素。示例： $(selector).droppable({ disabled: true });
greedy	默认情况下，当一个元素被放置在嵌套的 droppable 元素上时，每个 droppable 元素都将接收该元素。然而，通过设置该选项为 true，任何父元素的 droppable 元素都将无法接收该元素。drop 事件仍将照常，但会检查 event.target 以便查看哪个 droppable 元素接收 draggable 元素。示例： $(selector).droppable({ greedy: true });

属　　性	说　　明
hoverClass	如果指定了该选项，则当一个 draggable 元素被覆盖在 droppable 元素上时，类名将被添加到 droppable 元素上。示例： $(selector).droppable({ hoverClass: "drop-hover" });
scope	用于组合配套 draggable 元素和 droppable 元素，droppable 元素的 accept 选项除外。一个与 droppable 元素带有相同的 scope 值的 draggable 元素会被该 droppable 元素接收。示例： $(selector).droppable({ scope: "tasks" });
tolerance	指定用于测试一个 draggable 元素是否覆盖在一个 droppable 元素上的模式。可能的值如下： ➢ "fit"：draggable 元素完全重叠在 droppable 元素上。 ➢ "intersect"：draggable 元素重叠在 droppable 元素上，两个方向上至少 50%。 ➢ "pointer"：鼠标指针重叠在 droppable 元素上。 ➢ "touch"：draggable 元素重叠在 droppable 元素上，任何数量皆可。 示例： $(selector).droppable({ tolerance: "fit" });

表 9-5 列举了可放置元素的一些控制方法。

表 9-5　可放置元素的控制方法

方　　法	说　　明
droppable()	使选中的元素变为可放置元素
droppable("destroy")	完全移除 droppable 功能。这会把元素返回到它的预初始化状态
droppable("disable")	禁用可放置元素
droppable("enable")	启用可放置元素
droppable("option",optionName)	获取元素的属性的值
droppable("option",optionName,value)	设置元素的任意属性
droppable("widget")	获取元素 jQuery 对象

表 9-6 列举了可放置元素的事件。

表 9-6　可放置元素的事件

事　　件	说　　明
activate	当一个 draggable 元素开始拖拽时触发
create	当可拖拽元素创建时被触发
deactivate	当一个 draggable 元素停止拖拽时触发
drop	当一个 draggable 元素被放置在 droppable 元素上时触发
out	当 droppable 元素被拖拽出 droppable 元素时触发
over	当一个 draggable 元素被拖拽在 droppable 元素上时触发

9.1.3　元素拖放综合示例

如图 9-3 所示，页面左侧有 4 张图片，右侧有一个回收站，编程实现用户可以拖动图片放入回收站中，也可以将回收站中的图片拖动出来。

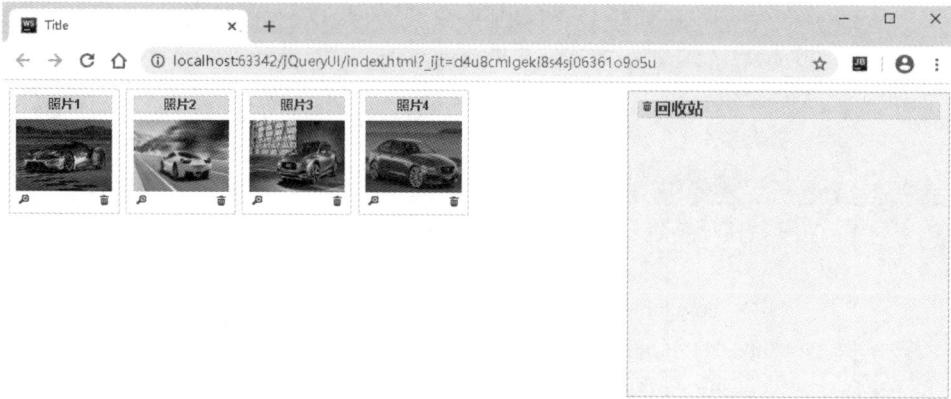

图 9-3　元素拖放综合示例

页面完整代码如下：

```html
<!DOCTYPE html>
<html lang="zh-CN">
<head>
    <meta charset="UTF-8">
    <title>Title</title>
    <link rel="stylesheet" href="jquery-ui.min.css">
    <script src="js/jquery-1.12.4.js"></script>
    <script src="jquery-ui.min.js"></script>
</head>
<style>
    #gallery {
        float: left;
        width: 65%;
        min-height: 12em;
    }
    .gallery.custom-state-active {
        background: #eee;
    }
    .gallery li {
        float: left;
        width: 96px;
        padding: 0.4em;
        margin: 0 0.4em 0.4em 0;
```

```
            text-align: center;
        }
        .gallery li h5 {
            margin: 0 0 0.4em;
            cursor: move;
        }
        .gallery li a {
            float: right;
        }
        .gallery li a.ui-icon-zoomin {
            float: left;
        }
        .gallery li img {
            width: 100%;
            cursor: move;
        }
        #trash {
            float: right;
            width: 32%;
            min-height: 18em;
            padding: 1%;
        }
        #trash h4 {
            line-height: 16px;
            margin: 0 0 0.4em;
        }
        #trash h4 .ui-icon {
            float: left;
        }
        #trash .gallery h5 {
            display: none;
        }
    </style>
    <script>
        $(function () {
            //这是相册和回收站
            var $gallery = $("#gallery"),
                $trash = $("#trash");
            //让相册的条目可拖拽
```

```
$("li", $gallery).draggable({
    cancel: "a.ui-icon",           //点击一个图标不会启动拖拽
    revert: "invalid",             //当未被放置时，条目会还原回它的初始位置
    containment: "document",
    helper: "clone",
    cursor: "move"
});
//让回收站可放置，接受相册的条目
$trash.droppable({
    accept: "#gallery > li",
    activeClass: "ui-state-highlight",
    drop: function (event, ui) {
        deleteImage(ui.draggable);
    }
});
//让相册可放置，接受回收站的条目
$gallery.droppable({
    accept: "#trash li",
    activeClass: "custom-state-active",
    drop: function (event, ui) {
        recycleImage(ui.draggable);
    }
});
//图像删除功能
var recycle_icon = "<a href='' title='还原图像' class='ui-icon ui-icon-refresh'>还原图像</a>";
function deleteImage($item) {
    $item.fadeOut(function () {
        var $list = $("ul", $trash).length ?
            $("ul", $trash) :
                $("<ul class='gallery ui-helper-reset'/>").appendTo($trash);
        $item.find("a.ui-icon-trash").remove();
        $item.append(recycle_icon).appendTo($list).fadeIn(function () {
            $item
                .animate({width: "48px"})
                .find("img")
                .animate({height: "36px"});
        });
    });
}
```

```
//图像还原功能
var trash_icon = "<a href='' title='删除图像' class='ui-icon ui-icon-trash'>删除图像</a>";
function recycleImage($item) {
    $item.fadeOut(function () {
        $item
            .find("a.ui-icon-refresh")
            .remove()
            .end()
            .css("width", "96px")
            .append(trash_icon)
            .find("img")
            .css("height", "72px")
            .end()
            .appendTo($gallery)
            .fadeIn();
    });
}
//图像预览功能，演示 ui.dialog 作为模态窗口使用
function viewLargerImage($link) {
    var src = $link.attr("href"),
        title = $link.siblings("img").attr("alt"),
        $modal = $("img[src$='" + src + "']");

    if ($modal.length) {
        $modal.dialog("open");
    } else {
        var img = $("<img alt='" + title + "' width='384' height='288' style='display: none;
                    padding: 8px;' />")
            .attr("src", src).appendTo("body");
        setTimeout(function () {
            img.dialog({
                title: title,
                width: 400,
                modal: true
            });
        }, 1);
    }
}
//通过事件代理解决图标行为
```

```
            $("ul.gallery > li").click(function (event) {
                var $item = $(this),
                    $target = $(event.target);
                if ($target.is("a.ui-icon-trash")) {
                    deleteImage($item);
                } else if ($target.is("a.ui-icon-zoomin")) {
                    viewLargerImage($target);
                } else if ($target.is("a.ui-icon-refresh")) {
                    recycleImage($item);
                }
                return false;
            });
        });
</script>
<body>
<div class="ui-widget ui-helper-clearfix">
    <ul id="gallery" class="gallery ui-helper-reset ui-helper-clearfix">
        <li class="ui-widget-content ui-corner-tr">
            <h5 class="ui-widget-header">照片 1</h5>
            <img src="images/1.jpg" alt="照片 1" width="96" height="72">
            <a href="images/1.jpg" title="查看大图" class="ui-icon ui-icon-zoomin">查看大图</a>
            <a href="" title="删除图像" class="ui-icon ui-icon-trash">删除图像</a>
        </li>
        <li class="ui-widget-content ui-corner-tr">
            <h5 class="ui-widget-header">照片 2</h5>
            <img src="images/2.jpg" alt="照片 2" width="96" height="72">
            <a href="images/2.jpg" title="查看大图" class="ui-icon ui-icon-zoomin">查看大图</a>
            <a href="" title="删除图像" class="ui-icon ui-icon-trash">删除图像</a>
        </li>
        <li class="ui-widget-content ui-corner-tr">
            <h5 class="ui-widget-header">照片 3</h5>
            <img src="images/3.jpg" alt="照片 3" width="96" height="72">
            <a href="images/3.jpg" title="查看大图" class="ui-icon ui-icon-zoomin">查看大图</a>
            <a href="" title="删除图像" class="ui-icon ui-icon-trash">删除图像</a>
        </li>
        <li class="ui-widget-content ui-corner-tr">
            <h5 class="ui-widget-header">照片 4</h5>
            <img src="images/4.jpg" alt="照片 4" width="96" height="72">
            <a href="images/4.jpg" title="查看大图" class="ui-icon ui-icon-zoomin">查看大图</a>
```

```
                        <a href="" title="删除图像" class="ui-icon ui-icon-trash">删除图像</a>
                    </li>
                </ul>
                <div id="trash" class="ui-widget-content ui-state-default">
                    <h4 class="ui-widget-header"><span class="ui-icon ui-icon-trash">回收站</span>　回收站</h4>
                </div>
            </div>
        </body>
    </html>
```

运行代码后，可以拖动图片到回收站，效果如图 9-4 所示。

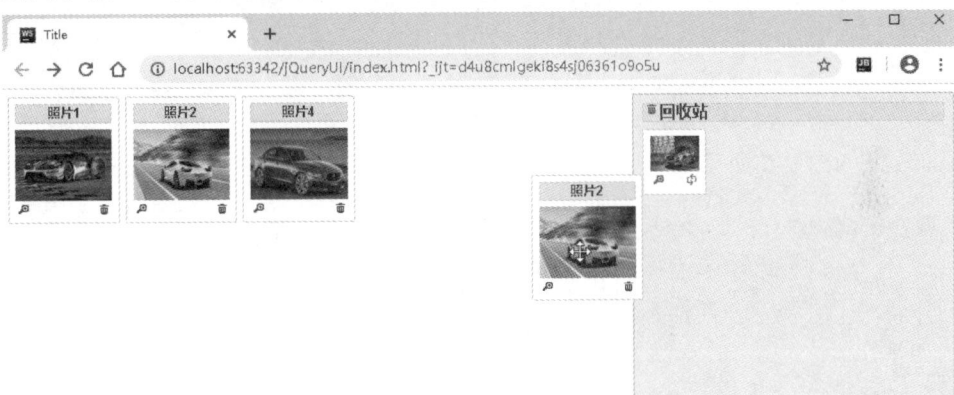

图 9-4　拖动图片放入回收站效果图

9.2　元素排序 sortable

排序功能在项目开发中也经常会遇到，大多数包含有表格、列表等的页面都是支持排序的。jQuery UI 也为我们提供了排序功能，而且使用起来非常的简单。下面是一个简单的排序例子，在页面上有一个无序列表(ul)，我们可以拖动列表中的项(li)改变它们的顺序。

页面代码如下：

```
<!DOCTYPE html>
<html lang="zh-CN">
<head>
    <meta charset="UTF-8">
    <title>Title</title>
    <link rel="stylesheet" href="jquery-ui.min.css">
    <script src="js/jquery-1.12.4.js"></script>
    <script src="jquery-ui.min.js"></script>
</head>
<script>
```

```
        $(document).ready(function () {
            $("#sortable").sortable();
        })
    </script>
    <body>
    <ul id="sortable">
        <li>项 1</li>
        <li>项 2</li>
        <li>项 3</li>
        <li>项 4</li>
    </ul>
    </body>
    </html>
```

页面效果如图 9-5 所示。

图 9-5　元素排序效果图

jQuery UI 的排序功能是通过对元素使用 sortable()方法实现的。这里有一点需要注意：jQuery UI 的排序(sortable())方法是针对元素的子元素进行排序，因此，如果我们要设置表格的行为可排序，需要对 tbody 元素应用 sortable()方法，而不是对 table 元素应用 sortable()方法。虽然我们经常会省略 tbody 元素，但是它会自动生成。比如下面的表格代码：

```
    <table>
        <tr>
            <td>1</td>
            <td>2</td>
        </tr>
        <tr>
            <td>3</td>
            <td>4</td>
        </tr>
    </table>
```

在页面中我们使用开发者工具检查表格后会发现浏览器为我们添加了 tbody 元素，如图 9-6 所示。

```
···  ▼<table> == $0
       ▼<tbody>
          ▼<tr>
             <td>1</td>
             <td>2</td>
           </tr>
          ▼<tr>
             <td>3</td>
             <td>4</td>
           </tr>
        </tbody>
     </table>
```

图 9-6　开发者工具中的表格

因此我们如果给 table 元素应用 sortable()方法，只会让 tbody 可排序，而体现在页面中的效果是可以拖动整个表格。

9.2.1　sortable()方法

sortable()方法的作用是让元素变为可排序小部件，它针对的是被选择元素的子元素。语法如下：

```
$(selector).sortable(options)
$(selector).sortable("action", param)
```

其中：options 是以对象键值对的形式传参，每个键值对表示一个选项；action 是操作对话框方法的字符串，param 则是 options 的某个选项。

表 9-7 列出了 sortable()方法的设置选项。

表 9-7　sortable()方法的设置选项

属　　性	说　　明
appendTo	当拖拽时，通过鼠标移动的助手(helper)被追加到哪里。支持多个类型： ➢ jQuery：一个 jQuery 对象，包含助手要追加到的元素。 ➢ Element：要追加助手的元素。 ➢ Selector：一个选择器，指定哪个元素要追加助手。 ➢ String：字符串 "parent" 将促使助手成为 sortable 项目的同级。 示例： `$(selector).sortable({ appendTo: document.body });`
axis	如果定义了该选项，则项目只能在水平或垂直方向上被拖拽。可能的值："x"、"y"。示例： `$(selector).sortable({ axis: "x" });`
cancel	哪些元素不允许排序。input、textarea、button、select 等元素默认不允许排序。示例： `$(selector).sortable({ cancel: "a,button" });`

属　　性	说　　明
connectWith	列表中的项目需被连接的其他 sortable 元素的选择器。这是一个单向关系，如果想要项目被双向连接，必须在两个 sortable 元素上都设置 connectWith 选项。示例： $(selector).sortable({ connectWith: "#shopping-cart" });
containment	定义拖拽时，sortable 元素被约束的边界。 注释：被 containment 指定的元素必须有一个已计算的宽度和高度(尽管它不需要显式)。例如，有一个 float: left 的 sortable 子元素，指定了 containment: "parent"，请确保在 sortable 的 parent 容器上有 float: left 属性，否则 sortable 子元素将有 height: 0 属性，导致高度为 0。支持多个类型： ➢ Element：一个要作为容器使用的元素。 ➢ Selector：一个选择器，指定一个要作为容器使用的元素。 ➢ String：一个字符串，标识一个要作为容器使用的元素。可能的值："parent"、"document"、"window"。 示例： $(selector).sortable({ containment: "parent" });
cursor	定义当排序时被显示的光标。示例： $(selector).sortable({ cursor: "move" });
cursorAt	移动排序元素或助手(helper)，这样光标总是出现，以便从相同的位置进行拖拽。坐标可通过一个或两个键组合成一个对象：{ top, left, right, bottom }。示例： $(selector).sortable({ cursorAt: { left: 5 } });
delay	从鼠标按下后直到排序开始的时间，以毫秒计。该选项可以防止点击在某个元素上时不必要的拖拽。示例： $(selector).sortable({ delay: 150 });
disabled	是否禁用可排序元素。默认为 false。示例： $(selector).sortable({ disabled: true });
distance	鼠标按下后、排序开始前必须移动的距离，以像素计。如果指定了该选项，排序只有在鼠标拖拽超出指定距离时才会开始。该选项可以用于允许在一个手柄内的元素上点击。示例： $(selector).sortable({ distance: 5 });
dropOnEmpty	默认为 true。如果为 false，则该 sortable 的项目不能被放置在空连接的 sortable 上。示例： $(selector).sortable({ dropOnEmpty: false });
forceHelperSize	默认为 false。如果为 true，则强制助手(helper)有一个尺寸。示例： $(selector).sortable({ forceHelperSize: true });
forcePlaceholderSize	默认为 false。如果为 true，则强制占位符(Placeholder)有一个尺寸。示例： $(selector).sortable({ forcePlaceholderSize: true });

属　性	说　　明
grid	对齐排序元素或助手(helper)到网格，值是一个数组，包含 x 和 y 两个值，单位是像素。数组形式必须是 [x, y]。示例： $(selector).sortable({ grid: [20, 10] });
handle	如果指定了该选项，则限制在指定的元素上开始排序。示例： $(selector).sortable({ handle: ".handle" });
helper	允许一个 helper 元素用于拖拽显示。支持多个类型： ➤ String：如果设置为 "clone"，则元素被克隆，且克隆被拖拽。 ➤ Function：一个函数，将返回拖拽时要使用的 DOMElement。函数接收事件，且元素正被排序。 示例： $(selector).sortable({ helper: "clone" });
items	指定元素内的哪一个项目应是 sortable。示例： $(selector).sortable({ items: "> li" });
opacity	排序时助手(helper)的不透明度。从 0.01 到 1。示例： $(selector).sortable({ opacity: 0.5 });
placeholder	要应用的类名称，否则为白色空白。示例： $(selector).sortable({ placeholder: "sortable-placeholder" });
revert	sortable 项目是否使用一个流畅的动画还原到它的新位置。支持多个类型： ➤ Boolean：当设置为 true 时，该项目将会使用动画，动画使用默认的持续时间。 ➤ Number：动画的持续时间，以毫秒计。 示例： $(selector).sortable({ revert: true });
scroll	如果设置为 true，则当到达边缘时页面会滚动。示例： $(selector).sortable({ scroll: false });
scrollSensitivity	定义鼠标距离边缘多少距离时开始滚动。示例： $(selector).sortable({ scrollSensitivity: 10 });
scrollSpeed	当鼠标指针获取到在 scrollSensitivity 距离内时，窗体滚动的速度。如果 scroll 选项是 false，则忽略。示例： $(selector).sortable({ scrollSpeed: 40 });
tolerance	指定测试项目被移动时是否覆盖在另一个项目上。可能的值： ➤ "intersect"：项目至少 50% 重叠在其他项目上。 ➤ "pointer"：鼠标指针重叠在其他项目上。 示例： $(selector).sortable({ tolerance: "pointer" });
zIndex	当被排序时，元素/助手(helper)的 Z-index。示例： $(selector).sortable({ zIndex: 9999 });

表 9-8 列举了元素排序的一些控制方法。

表 9-8　元素排序的控制方法

方　　法	说　　明
sortable()	使选中的元素变为可排序元素
sortable("cancel")	当前排序开始时，取消一个在当前 sortable 中的改变，且恢复到之前的状态。在 stop 和 receive 回调函数中非常有用
sortable("destroy")	完全移除 sortable 功能。这会把元素返回到它的预初始化状态
sortable ("disable")	禁用 sortable 元素
sortable ("enable")	启用 sortable 元素
sortable ("option",optionName)	获取当前与指定的 optionName 关联的值
sortable ("option",optionName,value)	设置与指定的 optionName 关联的 sortable 选项的值
sortable ("refresh")	刷新 sortable 项目。触发所有 sortable 项目重新加载，导致新的项目被认可
sortable("refreshPositions")	刷新 sortable 项目的缓存位置。调用该方法刷新所有 sortable 的已缓存的项目位置
sortable("serialize", { key: "sort" })	序列化 sortable 的项目 id 为一个 form/ajax 可提交的字符串。调用该方法会产生一个可被追加到任何 url 中的哈希，以便简单地把一个新的项目顺序提交回服务器。 默认情况下，它通过每个项目的 id 进行工作，id 格式为 "setname_number"，且它会产生一个形如 "setname[]=number& setname[]=number" 的哈希。 注释：如果序列化返回一个空的字符串，则确认 id 属性包含一个下划线(_)。形式必须是 "set_number"。例如，一个 id 属性为 "foo_1"、"foo_5"、"foo_2" 的 3 元素列表将序列化为 "foo[]=1&foo[]=5&foo[]=2"。可以使用下划线(_)、等号(=)或连字符(-)来分隔集合和数字。例如，"foo=1"、"foo-1"、"foo_1"都将序列化为 "foo[]=1"
sortable("toArray")	序列化 sortable 的项目 id 为一个字符串的数组
sortable("widget")	返回一个包含 sortable 元素的 jQuery 对象

表 9-9 列举了元素排序的事件。

表 9-9　元素排序的事件

事　　件	说　　明
activate	当使用被连接列表时触发该事件，每个被连接列表在拖拽开始时接收它
beforeStop	当排序停止时触发该事件，除了当占位符(placeholder)/助手(helper)仍然可用时
change	在排序期间触发该事件，除了当 DOM 位置改变时
create	当 droppable 被创建时触发
deactivate	当排序停止时触发该事件，该事件传播到所有可能的连接列表
out	当一个 sortable 项目从一个 sortable 列表移除时触发该事件

事 件	说 明
over	当一个 sortable 项目移动到一个 sortable 列表时触发该事件
receive	当来自一个连接的 sortable 列表的一个项目被放置到另一个列表时触发该事件。后者是事件目标
remove	当来自一个连接的 sortable 列表的一个项目被放置到另一个列表时触发该事件。前者是事件目标
sort	在排序期间触发该事件
start	当排序开始时触发该事件
stop	当排序停止时触发该事件
update	当用户停止排序且 DOM 位置改变时触发该事件

9.2.2 元素排序综合示例

如图 9-7 所示，页面中有两个无序(ul)列表，编程实现可以拖动列表中的项自由排序或者把第一个列表中的项放到第二个列表中排序。

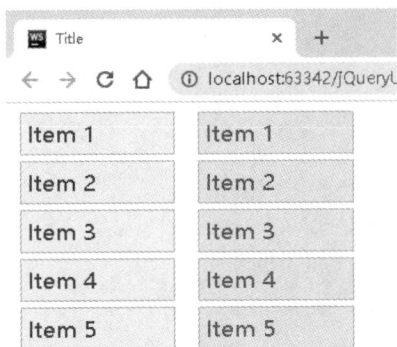

图 9-7   排序示例页面

功能实现的完整代码如下：

```
<!DOCTYPE html>
<html lang="zh-CN">
<head>
    <meta charset="UTF-8">
    <title>Title</title>
    <link rel="stylesheet" href="jquery-ui.min.css">
    <script src="js/jquery-1.12.4.js"></script>
    <script src="jquery-ui.min.js"></script>
</head>
<style>
    #sortable1, #sortable2 {
```

```
                list-style-type: none;
                margin: 0;
                padding: 0 0 2.5em;
                float: left;
                margin-right: 10px;
            }
        #sortable1 li, #sortable2 li {
                margin: 0 5px 5px 5px;
                padding: 5px;
                font-size: 1.2em;
                width: 120px;
            }
    </style>
    <script>
        $(document).ready(function () {
            $("#sortable1, #sortable2").sortable({
                connectWith: ".connectedSortable"
            }).disableSelection();
        })
    </script>
    <body>
    <ul id="sortable1" class="connectedSortable">
        <li class="ui-state-default">Item 1</li>
        <li class="ui-state-default">Item 2</li>
        <li class="ui-state-default">Item 3</li>
        <li class="ui-state-default">Item 4</li>
        <li class="ui-state-default">Item 5</li>
    </ul>
    <ul id="sortable2" class="connectedSortable">
        <li class="ui-state-highlight">Item 1</li>
        <li class="ui-state-highlight">Item 2</li>
        <li class="ui-state-highlight">Item 3</li>
        <li class="ui-state-highlight">Item 4</li>
        <li class="ui-state-highlight">Item 5</li>
    </ul>
    </body>
    </html>
```

页面实现效果如图 9-8 所示。

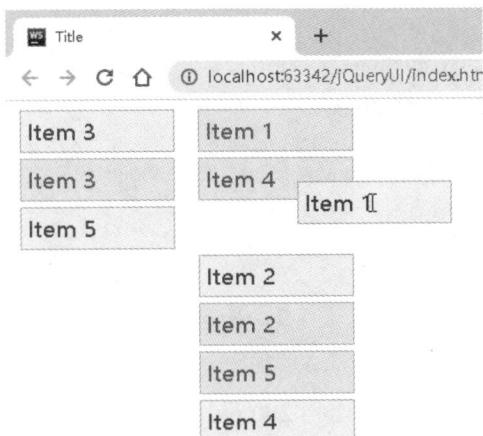

图 9-8　排序效果图

9.3　元素缩放 resizable

元素缩放在项目的制作过程中也经常会用到，用户可以通过鼠标拉动改变元素的大小。最典型的就是 textarea 元素，默认情况下它就是可缩放的。

jQuery UI 也为我们提供了缩放元素的功能，可以应用于任意的元素，非常方便。当把缩放功能应用于一个元素时，将赋予元素一个控制点，并且可以使用鼠标可视化地缩放元素的尺寸。对话框(dialog)部件就是一个典型的可缩放部件，在介绍 dialog 时，我们已经间接地看到了缩放元素的功能。

下面的代码展示了缩放元素的方法：

```html
<!DOCTYPE html>
<html lang="zh-CN">
<head>
    <meta charset="UTF-8">
    <title>Title</title>
    <link rel="stylesheet" href="jquery-ui.min.css">
    <script src="js/jquery-1.12.4.js"></script>
    <script src="jquery-ui.min.js"></script>
</head>
<style>
    #resizable {
        width: 200px;
        height: 200px;
        border: 3px solid black;
    }
</style>
```

```
<script>
    $(document).ready(function () {
        $('#resizable').resizable();
    })
</script>
<body>
<div id="resizable"></div>
</body>
</html>
```

在页面中我们定义了一个宽、高均为 200 px 的 div 元素，并显示它的边框，使用 jQuery 代码给元素应用 resizable()方法后，页面效果如图 9-9 所示。

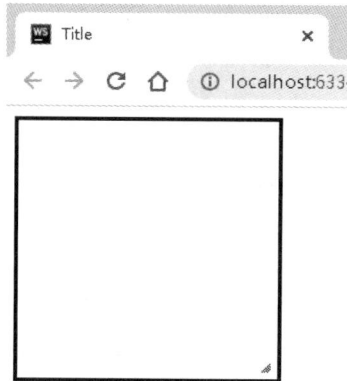

图 9-9　设置元素为可缩放

此时元素的右下角出现了一个小图标，代表可缩放。将鼠标放到元素的右、下边框和右下角时鼠标会变为拉伸状态。

resizable()方法让被选元素可调整尺寸(意味着它们有可拖拽的调整大小的手柄)。我们可以指定一个或多个手柄，也可以指定宽度和高度的最小值及最大值。语法如下：

```
$(selector).resizable(options)
$(selector).resizable("action", param)
```

其中：options 是以对象键值对的形式传参，每个键值对表示一个选项；action 是操作对话框方法的字符串，param 则是 options 的某个选项。

表 9-10 列出了 resizable()方法的设置选项。

表 9-10　resizable()方法的设置选项

属　　性	说　　明
alsoResize	指定一个或多个通过 resizable 进行同步调整尺寸的元素。示例： $(selector).resizable({ alsoResize: "#mirror" });
animate	调整尺寸后是否动态变化到最终尺寸。 $(selector).resizable({ animate: true });

属　　性	说　　明
animateDuration	当使用 animate 选项时，动画持续的时间。支持多个类型： ➢ Number：持续时间，以毫秒计。 ➢ String：一个命名的持续时间，比如 "slow" 或 "fast"。 示例： $(selector).resizable({ animateDuration: "fast" });
animateEasing	当使用 animate 选项时要使用的 Easing。示例： $(selector).resizable({ animateEasing: "easeOutBounce" });
aspectRatio	元素是否应该被限制在一个特定的长宽比。支持多个类型： ➢ Boolean：当设置为 true 时，元素将保持其原有的长宽比。 ➢ Number：在调整尺寸时强制元素保持特定的长宽比。 示例： $(selector).resizable({ aspectRatio: true });
autoHide	当用户鼠标没有悬浮在元素上时是否隐藏手柄。示例： $(selector).resizable({ autoHide: true });
cancel	禁止指定的元素调整尺寸。默认情况下，input、button、select 等元素禁止调整尺寸。示例： $(selector).resizable({ cancel: ".cancel" });
containment	约束在指定元素或区域的边界内调整尺寸。支持多个类型： ➢ Selector：可调整尺寸元素将被包含在 selector 第一个元素的边界内。如果未找到元素，则不设置 containment。 ➢ Element：可调整尺寸元素将被包含在元素的边界内。 ➢ String：可能的值有"parent"、"document"。 示例： $(selector).resizable({ containment: "parent" });
delay	鼠标按下后直到调整尺寸开始为止的时间，以毫秒计。如果指定了该选项，调整只有在鼠标移动超过时间后才开始。该选项可以防止点击在某个元素上时不必要的尺寸调整。示例： $(selector).resizable({ delay: 150 });
disabled	如果设置为 true，则禁用该 resizable 元素。示例： $(selector).resizable({ disabled: true });
distance	鼠标按下后调整尺寸开始前必须移动的距离，以像素计。如果指定了该选项，调整只有在鼠标移动超过一定距离后才开始。该选项可以防止点击在某个元素上时不必要的尺寸调整。示例： $(selector).resizable({ distance: 30 });
ghost	如果设置为 true，则为调整尺寸显示一个半透明的辅助元素。示例： $(selector).resizable({ ghost: true });

续表二

属　性	说　明
grid	把可调整尺寸元素对齐到网格，值是一个数组，包含 x 和 y 两个值，单位是像素。数组形式必须是 [x, y]。示例： $(selector).resizable({ grid: [20, 10] });
handles	可用于调整尺寸的处理程序。支持多个类型： ➢ String：一个逗号分隔的列表，列表值为下面所列出的任意值：n、e、s、w、ne、se、sw、nw、all。必要的处理程序由插件自动生成。 ➢ Object：支持下面的键：{ n, e, s, w, ne, se, sw, nw }。任何指定的值都应该是一个匹配作为处理程序使用的 resizable 的子元素的 jQuery 选择器。 注释：当生成自己的处理程序时，每个处理程序必须有 ui-resizable-handle class，也可以是适当的 appropriate ui-resizable-{direction} class，比如 ui-resizable-s。示例： $(selector).resizable({ handles: "n, e, s, w" });
helper	一个将被添加到代理元素的 class 名称，用于描绘调整手柄拖拽过程中调整的轮廓。一旦调整完成，原来的元素则被重新定义尺寸。示例： $(selector).resizable({ helper: "resizable-helper" });
maxHeight、maxWidth	resizable 元素允许被调整到的最大高度、宽度。单位是 px。示例： $(selector).resizable({ maxHeight: 300 });
minHeight、minWidth	resizable 元素允许被调整到的最小高度、宽度。单位是 px。示例： $(selector).resizable({ minWidth: 300 });

表 9-11 列举了 resizable()方法的一些控制方法。

表 9-11　resizable()方法的控制方法

方　法	说　明
resizable()	将元素设置为可缩放元素
resizable("destroy")	完全移除 resizable 功能。这会把元素返回到它的预初始化状态
resizable("disable")	禁用 resizable 元素
resizable("enable")	启用 resizable 元素
resizable("option",optionName)	获取当前与指定的 optionName 关联的值
resizable("option",optionName,value)	设置与指定的 optionName 关联的 resizable 选项的值
resizable("widget")	返回一个包含 resizable 元素的 jQuery 对象

表 9-12 列举了 resizable()方法的事件。

表 9-12　resizable()方法的事件

事件	说　明
create	当 resizable 元素被创建时触发
resize	在调整尺寸期间当调整手柄拖拽时触发
start	当调整尺寸操作开始时触发
stop	当调整尺寸操作停止时触发

9.4 元素选取 selectable

jQuery UI 提供了 selectable()方法，让元素变为可选择元素，允许通过鼠标拖拽选择元素，也可以在按住 Ctrl 键的同时单击或拖动来选择多个不连续的元素。

selectable()方法语法如下：

```
$(selector).selectable(options)
$(selector).selectable("action", param)
```

其中：options 是以对象键值对的形式传参，每个键值对表示一个选项；action 是操作对话框方法的字符串，param 则是 options 的某个选项。

表 9-13 列出了 selectable()方法的设置选项。

表 9-13 selectable()方法的设置选项

属　性	说　明
appendTo	选择助手(套索)要被添加到哪一个元素。示例： $(selector).selectable({ appendTo: ".parent" });
autoRefresh	该选项决定是否在每个选择操作的开始时更新(重新计算)每个选择项的位置和尺寸。如果有多个项目，就要设置该选项为 false，并手动调用 refresh() 方法。示例： $(selector).selectable({ autoRefresh: false });
cancel	防止从匹配选择器的元素上开始选择。默认情况下，input、textarea、button、select 元素不允许被选择。示例： $(selector).selectable({ cancel: "a,.cancel" });
delay	鼠标按下后直到选择开始的时间，以毫秒计。该选项可以防止点击在某个元素上时不必要的选择。示例： $(selector).selectable({ delay: 150 });
disabled	如果设置为 true，则禁用该 selectable 元素。示例： $(selector).selectable({ disabled: true });
distance	鼠标按下后选择开始前必须移动的距离，以像素计。如果指定了该选项，选择只有在鼠标拖拽超出指定距离时才会开始。该选项可以防止点击在某个元素上时不必要的选择。示例： $(selector).selectable({ distance: 30 });
filter	要制作选择项(可被选择的)的匹配的子元素。示例： $(selector).selectable({ filter: "li" });
tolerance	指定用于测试的套索是否选择一个项目。可能的值： ➢ "fit"：套索完全重叠在项目上。 ➢ "touch"：套索重叠在项目上，任何比例皆可。 示例： $(selector).selectable({ tolerance: "fit" });

表 9-14 列举了 selectable()方法的一些控制方法。

表 9-14　selectable()方法的控制方法

方　法	说　明
selectable()	将元素变为可选择元素
selectable("destroy")	完全移除 selectable 功能。这会把元素返回到它的预初始化状态
selectable("disable")	禁用 selectable 元素
selectable("enable")	启用 selectable 元素
selectable("option",optionName)	获取当前与指定的 optionName 关联的值
selectable("option",optionName,value)	设置与指定的 optionName 关联的 selectable 选项的值
selectable("refresh")	更新每个选择项元素的位置和尺寸。当 autoRefresh 选项被设置为 false 时，该方法可用于手动重新计算每个选择项的位置和尺寸
selectable("widget")	返回一个包含 selectable 元素的 jQuery 对象

表 9-15 列举了 selectable()方法的事件。

表 9-15　selectable()方法的事件

事　件	说　明
create	当 selectable 元素被创建时触发
selected	当元素被添加选择时，在选择操作结尾触发
selecting	当元素被添加选择时，在选择操作期间触发
start	在选择操作开头触发
stop	在选择操作结尾触发
unselected	当元素从选择中被移除时，在选择操作结尾触发
unselecting	当元素从选择中被移除时，在选择操作期间触发

单 元 总 结

本单元完成了对 jQuery UI 提供的键鼠交互功能的简要介绍。介绍了诸如拖拽和置放这样的交互性部件，以及如何在这些部件的基础之上实现更加复杂的交互性功能，比如重新排列元素。使用 jQuery UI 库，可以很容易地创建自定义的 Windows 风格的小组件，并使之在 Web 上具有类似于 Windows 的操作功能。以前需要巨大工作量才能实现的功能，利用 jQuery UI 库只需要一个简单的方法调用就可以实现。对于每一种交互功能，本单元还详细介绍了它的各种配置选项，这些选项说明，jQuery UI 是非常灵活的。